专业SCRUM
敏捷要领与项目实践

[美] 史蒂芬妮·欧克曼　　[英] 西蒙·雷德尔◎著　　徐东伟　李　虎◎译
（Stephanie Ockerman）　　（Simon Reindl）

U0286144

清華大学出版社

北 京

内 容 简 介

本书分为 8 章，分别介绍了如何持续改进 Scrum 实践，如何打造坚实的团队基础、如何交付"完成"的产品增量、如何提高交付的价值、如何改进计划、如何帮助 Scrum 团队改进和成长、组织如何改进以及如何实现业务敏捷。无论是 Scrum Master、团队还是产品负责人，都可以借鉴书中提供的大量实用性建议，克服常见的难题，持续改进 Scrum 实践。

北京市版权局著作权合同登记号　图字：01-2021-4602

Authorized translation from the English language edition, entitled MASTERING PROFESSIONAL SCRUM: A PRACTITIONER'S GUIDE TO OVERCOMING CHALLENGES AND MAXIMIZING THE BENEFITS OF AGILITY, 1st Edition by OCKERMAN, STEPHANIE; REINDL, SIMON, published by Pearson Education, Inc, Copyright ©2020 Stephanie Ockerman and Simon Reindl.

图书在版编目 (CIP) 数据

专业 SCRUM：敏捷要领与项目实践 /（美）史蒂芬妮·欧克曼（Stephanie Ockerman），（英）西蒙·雷德尔（Simon Reindl）著；徐东伟，李虎译 . —北京：清华大学出版社，2022.10
书名原文：Mastering Professional Scrum: A Practitioner's Guide to Overcoming Challenges and Maximizing the Benefits of Agility
ISBN 978-7-302-60072-5

Ⅰ.①专… Ⅱ.①史…②西…③徐…④李… Ⅲ.①软件开发 Ⅳ.① TP311.52

中国版本图书馆 CIP 数据核字（2022）第 023063 号

责任编辑：文开琪
封面设计：李　坤
责任校对：周剑云
责任印制：丛怀宇

出版发行：清华大学出版社
　　　　网　　　址：http://www.tup.com.cn, http://www.wqbook.com
　　　　地　　　址：北京清华大学学研大厦 A 座　　邮　　编：100084
　　　　社 总 机：010-83470000　　　　　　　　邮　　购：010-62786544
　　　　投稿与读者服务：010-62776969, c-service@tup.tsinghua.edu.cn
　　　　质量反馈：010-62772015, zhiliang@tup.tsinghua.edu.cn
印 装 者：小森印刷霸州有限公司
经　　销：全国新华书店
开　　本：178mm×230mm　　　印　　张：14.75　　字　　数：321 千字
　　　　（附赠全彩不干胶手册）
版　　次：2022 年 12 月第 1 版　　　印　　次：2022 年 12 月第 1 次印刷
定　　价：99.00 元

产品编号：089315-01

推荐序 1

肯·施瓦伯（Ken Schwaber），Scrum 联合创始人和 Scrum.org 创始人

我创建 Scrum 的目的是改进我和其他人开发软件的方式。在过去的 27 年里，我们主要通过创建、发布并逐步完善《Scrum 指南》的方式来完善 Scrum。杰夫·萨瑟兰（Jeff Sutherland，Scrum 的联合创始人）和我通过《Scrum 指南》把精确定义的 Scrum 发布到网上，广言纳谏。这几年，我们根据大家的意见进一步完善了 Scrum，使 Scrum 更容易理解和使用。

当我第一次使用"Scrum Master"这个词时，很多人都感到困惑。那时并没有人掌握 Scrum，我们都在学习如何使用并在此基础上结合其他的实践和工具来改善结果，帮助团队成员使用正确的价值观、实践、工件（"完成"的增量）和角色——所有这些要素相互作用，共同达成 Scrum 的目标得以达成。

Scrum Master 的工作是帮助组织和 Scrum 团队正确使用 Scrum 以帮助他们提高交付价值的能力。Scrum Master 要帮助团队成员和受 Scrum 影响的人（人力资源与财务等）了解最佳的工作方式。Scrum 团队中的任何人都可以提高自己对 Scrum 的掌握程度，他们能够变得更擅长使用 Scrum 和以往的经验，以便在复杂领域中取得更好的成果和交付更多的价值。任何人都可以变得更专业。

专业人士是指以某项工作为生并遵守职业规则的人。专业人士按照既定的标准行事和工作，例如，遵守《Scrum 指南》中设定的规则。他们还信奉 Scrum 并遵循一系列行业道德准则，例如 Scrum 的价值观：专注、承诺、开放、尊重和勇气。

有时，Scrum 专业人士可能会在两种选择中纠结。在这些情况下，"敏捷宣言"提供了更高层次的指导：

- **个体和互动**高于流程和工具

- **可工作的软件**高于详尽的文档

- **客户合作**高于合同谈判

- **响应变化**高于遵循计划

Scrum 专业人士不会重新定义 Scrum 本身，也不会为他们的组织"量身定制" Scrum，Scrum 就是 Scrum。不过为了创造有价值的产品增量并达到预期的结果，他们确实在 Scrum 的基础上添加了支持性和辅助性的实践，包括 DevOps、看板以及测试、协调、沟通等实践。Scrum 在如下方面有别于其他应对复杂工作的方法。

1. 团队以**短周期**的方式组织工作。

2. 在一个工作周期中，管理层**不会打断**团队的正常工作。

3. 团队对**客户负责**，而不是对管理者负责。

4. 由团队评估工作将花费**多少时间和精力**。

5. 由团队决定一个 Sprint 可以完成**多少工作**。

6. 由团队**决定如何完成** Sprint 的工作。

7. 由团队**评估自己的表现**。

8. 团队在每个 Sprint 周期开始**之前**确定工作目标。

9. 团队通过**逐步完善**的成果描述（称为"产品待办事项列表"）来定义工作和预期成果。

10. 团队致力于系统地、持续地改进和消除阻碍。

作为 Scrum 专业人士，我们的工作是不断提高使用 Scrum 交付产品和服务的能力，从而帮助客户实现有价值的成果。本书将帮助你提高应用 Scrum 的能力，作者分享了他们的经验和建议，这些经验和建议是作者在帮助许多客户和学生在他们的组织中学习和应用 Scrum 的过程中获得的。我希望这些能够对你的职业生涯有所帮助。

Scrum，练起来！

推荐序 2

戴夫·韦斯特（Dave West），Scrum.org 首席执行官和产品负责人

什么是专业 Scrum ？

毫无疑问，我们工作的世界正变得越来越复杂。这并不是说简单的工作会消失，而是说大部分简单的工作会被自动化、算法和机器人技术所取代。复杂的工作最恰当的定义是未知的工作，它不仅仅体现在我们的工作方式上，还体现在工作的结果和影响上。对于复杂的工作，即使我们心中有一个明确的结果，但只有在我们交付了一些东西之后，我们才会意识到变化所带来的影响可能与我们的预期不同。

Scrum 旨在帮助我们在复杂的世界中规划我们的道路。该框架简单但功能强大，它提供了一种方法，可以通过"发现"和"学习"将复杂的事情变得有序和结构化。但要想有效使用 Scrum，需要的不仅仅是遵循框架的机制，还需要一种专业的态度。

Scrum 联合创始人肯·施瓦伯（Ken Schwaber）将专业人士描述为"以此工作为生并遵守既定职业规则的人"。他还补充说，成为一名专业人士，意味着要接受一套道德标准。这些标准不但统一了一个行业的从业者，还向外界定义了这个职业，就像医学专业的"希波克拉底誓言"[①]一样。

---

① 译注："希波克拉底誓言"是医学家希波克拉底（约公元前460年—公元前370年）留下的、公认的医学界行业道德标准，主要包含几点：对知识传授者心存感激；为服务对象谋利益，做自己力所能及的事；绝不利用职业便利做缺德甚至违法的事情；严格保守秘密，即尊重个人隐私，保护商业秘密。

在上述"专业化"模式基础上，利用 Scrum 框架实现专业化还需要具备如下四个关键要素。

- **行为准则**。要想有效使用 Scrum，就必须遵守行为准则。一定要通过交付才能学到东西；一定要遵循 Scrum 的机制；一定要挑战在个人技能、角色和对问题理解方面先入为主的想法；一定要以透明和结构化的方式工作。遵守行为准则是很难的，甚至有时看起来并不公平，因为这时你的工作可能会暴露出一个又一个问题，导致你的付出似乎看起来徒劳无功。

- **行为**。2016 年，《Scrum 指南》引入了 Scrum 价值观，这是对能够促进 Scrum 成功所需的支持性文化（supporting culture）的回应。Scrum 价值观描述了五个简单的理念，这些理念在实践中会促进敏捷文化的形成：勇气（Courage）、专注（Focus）、承诺（Commitment）、尊重（Respect）和开放（Openness）这五个价值观描述了 Scrum 团队和他们所在的组织都应该表现出的行为。

- **价值**。Scrum 团队致力于解决问题，这些问题的解决会给客户和利益相关者带来价值。团队为那些能够为他们的工作成果买单的客户工作。但这种关系是复杂的，因为问题本身就很复杂：客户可能不知道自己想要什么，或者解决方案的经济效益可能不清晰，或者解决方案的质量和安全性可能是未知的。专业 Scrum 团队的工作就是尽其所能，在种种限制条件下交付最能满足客户需要的解决方案，从而为所有各方做正确的事情。这需要透明、对团队成员和客户的尊重，以及对发掘真相的好奇心。

- **帮助他人**。Scrum 是一项团队运动，在这项运动中，每个团队都很小。结果是，团队在试图解决那些他们缺乏技能和经验的问题时往往处于劣势。为了提高效率，专业 Scrum 团队必须与社区中的其他成员合作以学习新的技能并分享经验。帮助扩展社区的敏捷性并不完全是利他的，因为施助者通常能够学到大量有价值的东西，可以带回去帮助自己的团队。专业 Scrum 鼓励人们形成职业关系网，在其中可以交流有助于团队的想法和经验。

仅仅对专业 Scrum 本身进行描述，对帮助你在你的组织或产品上实现这些想法没有什么帮助。斯蒂芬妮（Stephanie）和西蒙（Simon）这本书便应运而生：它是一本对专业 Scrum 提供支持的书。它把核心 Scrum 框架放在专业化的背景下，描述了很多理念背后的道理，以及它们是如何从不同学科和概念演变而来的。无论你是从头到尾阅读，还是浏览特定的章节获取具体的指导，都会从本书提供的实用建议中学会如何掌握 Scrum 以及如何变得更专业。这是一个漫长的、永无止境的旅程。

祝您好运并享受这段旅程！

前　言

在我们生活的世界中，惟一确定的就是不确定性。世界变得比以往更加相互关联和相互依存，同时也变得更加复杂。世界变化如此之快：甚至在我们还没有来得及做出回应之前，新的客户和竞争对手就可能出现、发展以及消失。技术在不断变化，新的政治形势可能会催生出新的监管和法律要求，而恶意黑客的学习速度似乎比我们挫败他们的能力还要快。

面对这些不确定性，我们要接受这样一个事实：我们无法预测未来。我们能做的最好的事情就是有意识地行动，向前迈出一小步，拥抱不确定性，拥抱经验主义，通过反馈循环来学习。这是敏捷的核心和 Scrum 的基础：即做小增量的计划，交付可工作的产品增量，检视结果，然后调整，如此周而复始，在此期间保持完全透明。要想让敏捷能够真正发挥作用，就必须以专业精神来追求。

缺乏专业精神的证据随处可见：从送错货的订单，到无法使用的手机应用，再到把我们的私人信息泄露给未经授权方的安全漏洞报告等。在失控的项目中，花费数百万美元却没有带来任何价值。缺乏专业精神在个人方面表现为浪费了宝贵的工作时间，却没有学习到新的技能或开辟新的机会。缺乏专业精神，会破坏信任，损害工作关系。任何从事过产品开发的人，下述的症状至少会经历过一些。

- 在进度、质量和成果方面缺乏透明度。

- 承诺虚假确定性，避免开诚布公地讨论复杂性和风险。

- 为节省金钱和时间而削减质量。

- 逃避责任。

- 为赶上交付日期，交付的产品没有达到可接受的质量。

- 忽视新信息，继续执行原计划。

若以专业精神去追求，Scrum 会为你提供一条前进的道路

Scrum 是一种在复杂和不确定的世界中交付产品的经验性方法。虽然 Scrum 被广泛采用，但很多 Scrum 的实施并不十分专业。正如 Scrum 联合创始人肯·施瓦伯（Ken Schwaber）所言："Scrum 容易理解，但难以掌握。"[②] 在实际实施 Scrum 的团队和组织中，许多只是在走形式，我们称之为"僵尸 Scrum"。这样的团队在使用 Scrum 术语时，并没有完全理解其背后的意图，也没有体现出 Scrum 所要求的行为准则。

本书旨在驱散迷雾，纠正误解，帮助组织使用 Scrum 为客户提供高质量的产品和体验。简而言之，本书的目标是帮助组织能够专业地应用 Scrum。

读者对象

本书适用于对 Scrum 有一定知识和经历的人，他们可能在做很多正确的事情，但还想继续改善。你可能是 Scrum Master，也可能是开发团队成员或产品负责人。重要的是你想要且也需要改进。如果想了解 Scrum，我们建议你从《Scrum 指南》、一门关于 Scrum 的课程或者关于该主题的一本优秀入门书开始。[③]

[②] www.scrumguides.com。

[③] 要查找课程，请访问 https://www.scrum.org/courses。如果你在寻找一本关于 Scrum 的简明书籍，我们推荐阅读 *Scrum: A Pocket Guide*（作者 Gunther Verheyen，2013 年出版）。

内容概览

我们写这本书的目的是为你提供一个虚拟的 Scrum 教练，一路上支持你，助你以透明和勇气面对挑战，并向你介绍一些有助于掌握 Scrum、展示专业精神并实现业务敏捷的新方法。虽然无法提供全部答案，但我们会提供一些工具，你可以使用这些工具为当前面临的独特挑战找到自己的答案。

为使掌握 Scrum 的过程变得简单，我们为专业 Scrum 设计了一种方法，该方法综合了我们所学到的知识，它会像指南针一样帮助你在自己的旅程中找到方向。该方法基于我们作为实践者、专业 Scrum 培训师的经验，以及我们从更广泛的 Scrum.org 社区中学到的知识。至于旅程从哪里开始，完全取决于你。

每一章侧重于不同的挑战。

- 第 1 章 "持续改进 Scrum 实践" 提供的方法可用于评估当前的实践，由附录 A 中的自我评估表提供支持，着眼于识别需要改进的地方。

- 第 2 章 "打造坚实的团队基础" 帮助你理解团队是如何协同工作的，识别哪里需要改进，并使用适当的技术来改进团队的组成和工作方式。

- 第 3 章 "交付 '完成' 的产品增量" 解释了为什么 "完成" 是 Scrum 中最关键的概念以及为什么 "未完成" 的工作预示着有严重错误并需要及时修复。

- 第 4 章 "提高交付的价值" 关注对 "完成" 的产品增量所交付的价值进行度量，并提供了很多实践，使用这些实践可以逐步提高交付的价值。

- 第 5 章 "对计划做出改进" 有助于你改进 "决定要做什么工作" 的方式，并专注于交付高价值的产品增量，同时消除 "未完成" 的工作。

- 第 6 章 "帮助 Scrum 团队改进和成长" 揭示了团队在交付 "完成" 的产品增量时可能面临的阻碍，并提出了消除这些阻碍的策略。

- 第 7 章 "利用组织进行改进" 考虑组织层级的阻碍如何限制团队的交付能力，并讨论如何消除这些阻碍。

- 第 8 章 "结语和下一步" 回顾你在本书中经历的旅程，并提出一些继续前进的方法。

- 附录 A "现状评估" 提供了评估当前 Scrum 实践的一种方法。

- 附录 B "对 Scrum 的常见误解" 描述并纠正了对 Scrum 是什么和不是什么的常见误解。

行动号召

在继续阅读本书的过程中，我们鼓励你开启一些强有力的、富有成效的对话，这样可以从本书中获得最大收益。首先，反思一下你当前在哪里以及下一步要去向何方。在确定共同目标时，记得询问不同的观点。可以从下面这些问题开始。

1. 业务敏捷对我们的组织来说意味着什么？它与我们的使命有什么关系？作为一个组织，我们期望看到什么好处？当我们实现敏捷的愿景时，会是什么样子？会有什么不一样的感觉？

2. 业务敏捷对我们的团队来说意味着什么？我们期望看到什么好处？我们可以使用哪些数据来理解团队级和产品级敏捷？

3. 业务敏捷与产品愿景有什么关系？

4. 我们多久才能获得投资回报（ROI）？我们还想得到什么？

5. 在做投资决策时，我们的业务部门有多大的灵活性和控制力？我们还需要什么呢？

6. 我们利用机会和应对风险的速度有多快？我们还想怎么样？

7. 作为一个团队，我们如何展示专业精神？组织的价值观和行为与专业精神有什么关系？

8. 我们在组织内见过（或参与过）哪些不专业的行为？

致 谢

在本书写作过程中，我们得到了很多帮助和支持。首先，我们必须感谢戴夫·韦斯特、库尔特·比特纳和肯·施瓦伯的信任、支持、鼓励和意见，让我们能够成功应对这个几乎不可能的挑战——写一本书来阐明 Scrum 的强大威力、提供实际的指导并推动人们探索自己的 Scrum 掌握之旅。库尔特施展的"魔法"，帮助我们更简单有效地表达自己的想法。当然，我们还要感谢肯·施瓦伯和杰夫·萨瑟兰创造的 Scrum，有了它，我们才有机会做与自己价值观和目标一致的工作。

我们非常感谢专业 Scrum 培训师社区，社区成员支持我们一步步地成长为产品交付实践者、专业 Scrum 培训师和企业家。他们在分享知识和经验方面的慷慨、他们对学习和成长的承诺以及他们愿意全力以赴的意愿，使我们每一天都为自己能够成为社区成员而感到庆幸。

在我们个人的 Scrum 掌握之旅中，有许多人启发和挑战了我们。我们要向托德·格林、理查德·亨达乌森、史泰西·马丁、唐·麦克格里尔、史蒂夫·波特、瑞恩·雷普利、史蒂夫·特拉普以及所有帮助过我们的人表示最诚挚的感谢。

——西蒙和斯蒂芬妮

实战案例一览

简 明 目 录

详 细 目 录

第1章

持续改进 Scrum 实践

Scrum 是一个轻量级框架，它可以帮助团队频繁地创建有价值、可发布的产品。Scrum 实践背后的规则对于确保透明、实现有效的检视和调整、减少浪费以及实现业务敏捷非常重要。①

无论多么有经验，每个团队都可以持续提高其检视和调整的能力，从而交付有价值的产品增量。客户在不断进化，他们的需求也在不断变化；竞争对手也在不断进化和调整。此外，技术也在不断变化，我们在拥有新的能力的同时，也需要克服新的挑战。新的团队成员带来了新的技能和见解，但也可能会改变团队的动力。迎接这些挑战不仅意味着要掌握运用经验主义来交付优秀的产品，还意味着要进行检视、调整以及提高 Scrum 团队的能力。

---

① 要想进一步了解 Scrum，请访问 https://www.scrum.org/resources/what-is-scrum。

关注七个关键领域，改进自己的 Scrum 实践

要想帮助个人和团队进行改进，需要关注以下七个关键领域：

- 敏捷思维

- 经验主义

- 团队合作

- 团队流程

- 团队身份认同

- 产品价值

- 组织

敏捷思维

敏捷思维对于改善 Scrum 团队成员所持有的态度和观点至关重要，它决定了他们如何解释这个世界，以及他们如何与对方以及整个世界合作。当我们谈论敏捷思维时，我们是在谈论 Scrum 价值观[②]、敏捷软件

[②] www.scrumguides.org。

开发宣言中的价值观和原则③以及精益原则④。这些价值观和原则指导着 Scrum 团队做出决策，它们直接影响着团队在使用经验主义过程来交付有价值的产品增量时的协作效率。

在复杂的世界中交付价值，意味着团队几乎没有什么现成的规则，也没有什么"最佳实践"可供团队使用。相反，团队成员是在敏捷思维的指导下，根据他们所掌握的最佳数据做出决策。

经验主义是 Scrum 的核心

Scrum 是为实现经验主义而设计的。拥抱经验主义有助于在透明、检视和调整方面做得更好。理解经验主义过程的三大支柱对 Scrum 团队至关重要，它有助于提高团队交付有价值产品增量的能力。

- **透明**意味着 Scrum 团队对正在发生的事情有充分的理解；他们能看到过程中影响结果的所有方面。透明有助于了解为产品计划了哪些特性和功能、Scrum 团队朝着目标前进的进展如何，以及客户在使用产品时获得了什么价值。

- **检视**意味着 Scrum 团队能够频繁观察结果，并从新的反馈信息中学习。团队成员积极寻找相关信息，了解预期的结果和目标中哪些已经达成，以及哪些还有欠缺。

- **调整**意味着 Scrum 团队经常使用从检视中获得的信息来改变自己的策略、计划、技术和行为，使之与预期的结果和目标重新对齐。

---

③ agilemanifesto.org
④ 参见《精益软件开发工具》（中译本清华大学出版社出版）。

Scrum 框架提供了一组轻量级的规则，它帮助 Scrum 团队实现最低程度的经验主义。

- 时间盒帮助 Scrum 团队创建经验反馈循环。

- Scrum 团队通过在 Sprint 期间至少产生一次"完成"的增量实现透明，从而验证对价值的假设。

为了使 Scrum 的好处真正实现最大化，Scrum 团队必须增加经验主义应用的广度（数量）和深度（质量）。

- 通过提高团队工作方式的透明度，他们能够识别流程、工具以及互动过程中的改进点。

- 通过提高"客户通过使用产品所实现的价值"的透明度，团队对如何改进产品有了更深入的了解。

- 通过增加团队在一天当中协作的频率（不仅仅是 Scrum 每日站会），他们可以更快地发现和解决问题，从而改善工作的流动。

- 通过在工作过程中与产品负责人协作，团队可以加快改进产品的速度。

掌握 Scrum 意味着改善团队合作

为了使经验主义发挥作用，Scrum 团队需要通过协作来为复杂的问题交付有价值的解决方案，然后度量结果，随后根据反馈进行调整。一个高效的 Scrum 团队具有以下几个特征。

- **跨职能的。** 跨职能团队拥有完成目标所需的所有技能。这样就会减少由团队外的依赖关系所造成的风险，包括"部分完成"的工作可能造成的浪费。"跨职能"并不意味着每个人都要有能力完成每一项活动。相反，团队必须识别出合适的技能组合，并搞清楚如何在团队中传播这些技能，从而减少浪费，在创新和质量方面做得更好，并能够应对需求的变化。

- **自组织的**。自组织团队决定自己能够完成什么以及团队成员之间如何合作来完成这些工作。为了确保团队对工作负责，第一步是让团队感受到对工作的所有权。团队成员需要被信任为专家，并被允许进行试验、尝试新事物和改变方向——所有这些都是为了服务于价值交付。

- **协作的**。为了利用集体智慧的力量，自组织、跨职能的团队必须打破筒仓才能获得协作的好处。在筒仓中工作会使创新、甚至只是简单向客户快速交付有价值的东西变得很有挑战。交接会造成理解上的偏差、延迟以及其他浪费。

- **稳定的**。自组织、跨职能、协作式的团队不仅仅是个体的集合；它是一个全新的实体，由人组成，而人本身就是极其复杂的生物。要把一群人聚集在一起，形成有凝聚力的团队，并能在其身份认同和工作方式上不断发展，需要时间和刻意努力。如果团队不稳定，团队就不会完全形成，组织也不会真正从高绩效团队中获益。稳定并不意味着团队的组成永远不应该改变，只是当它改变时，需要时间和刻意努力来帮助一群人重新成为一个团队。

每个 Scrum 团队都必须专注于提高其产品所交付的价值

Scrum 团队的目的是交付一系列有价值的产品增量。为了交付价值，Scrum 团队必须做到以下几点。

- 了解用户和客户的动机、行为和需要（包括明确声明的和潜在的）。

- 使产品的愿景、战略以及组织的使命和目标保持一致。

- 度量实际交付的价值。

从本质上讲，Scrum 使团队能够频繁地交付大量的东西。然而，如果团队没有优化产品的价值，那么它的成果就会非常少。

每个强大的团队都有一个独特的团队身份认同

团队最开始就是由一群个体组成的集合。他们一起形成一个全新的、有生命力的有机体。随着时间的推移，这个新的有机体形成了一种身份认同。正如孩子长大后成为青少年，然后成为年轻人，一个团队也必须不断发现和发展其身份认同。

从根本上说，建立身份认同就是回答下面三个问题，这些问题指导团队向高绩效团队迈进。

1. 我们为什么存在？（目的）

2. 对我们来说什么是重要的？（价值观）

3. 我们想要什么？（愿景）

要想改进，团队必须打磨自己的流程

Scrum 团队在 Scrum 框架所建立的护栏（即角色的职责、事件的目标和工件的目的所建立的边界和指南）内定义其工作方式。Scrum 团队如何履行角色、如何使用工件以及如何执行事件，都由他们自己决定。如何创建产品增量以及如何确保质量，也由他们自己决定。

团队流程的维度包括实践、工具和合作方式。它涉及的领域很广，包括以下几个方面。

- 工程实践和工具。

- 质量实践和工具。

- 产品管理实践和工具。

- 产品待办事项列表管理实践和工具。

- Scrum 事件和工件的有效使用。

- 有效的沟通与协作。

- 浪费来源的识别和消除。

- 阻碍的识别和消除。

- 团队知识、技能和能力的有效利用与发展。

团队所使用的实践和工具会受到产品类型、技术平台、产品使用环境、产品用户及其使用方式、监管和法律条件、市场趋势、业务需求变化等因素的影响。影响因素实在太多了！而且，很多东西都会随着时间的推移而改变。

因此，Scrum 团队必须保持警惕，检视和调整当前正在做的事情、动机和方式及其收益等。全球各地的产品开发社区都在不断创造和分享着新的实践和工具，因此，与社区保持联系并不断学习是非常重要的。事实上，团队也有可能需要自己发明新的实践和工具来满足他们独特的挑战和需求。

组织可以对团队的表现产生显著影响

组织提供了结构和文化，这两方面以积极或消极的方式影响着组织内的团队和产品。

结构包括商业模式,商业模式本质上是为成功运营业务所做的设计。商业模式包括使命、战略、产品和服务,以及它们与收入来源、客户群体和融资的关系。结构还涉及如何把员工、合作伙伴和服务提供商组织在一起。结构常常影响着组织的流程和政策。

文化是一种习惯,它把人们联系在一起,形成一个有凝聚力的整体。文化是指看待事物的方式,它让人们知道在什么情况下应该做什么,它是由组织中所有人的行为汇总并发展而成的。它常常受到结构和流程(包括角色、目标和激励措施)的影响。

Scrum 团队的成功在很大程度上受到结构和文化的影响。

最大限度地发挥 Scrum 的优势,通常意味着要不断进化组织的文化、流程甚至是结构。尽管可能不必立即解决这些问题,但通常情况下,Scrum 团队最终还是会遇到他们无法消除的阻碍。他们可能在一段时间内能够绕过这些阻碍,但这也意味着他们将进入一个高原状态⑤。

---

⑤　译注:高原状态指达到一定水平后长期停滞不前的现象。

发展 Scrum 需要团队提升其他能力

Scrum 团队需要有很强的胜任力（capability）才能持续改进和适应变化。所谓"胜任力"，是指运用知识、技能和经验解决问题的能力（ability）。具体来讲，Scrum 团队不但要有知识（如理论、技术、领域），还要有能够熟练应用这些知识获得预期结果的能力，以及培养这些技能、引导直觉和远见的经验。

Scrum 团队所需要的能力，会因他们开发的产品类型以及他们所在组织的约束的不同而有所不同。总体来讲，他们所需要的各种能力可分为五类：

- 教授能力

- 引导能力

- 教练能力

- 技术卓越

- 服务型领导力

Scrum 团队成员必须拥有这些能力并持续发展这些能力，才能够在专业 Scrum 所需要的各个维度上取得成功。

教授能力

教授就是指导他人并向他们传授知识和技能。Scrum Master 经常运用教授能力帮助团队成员理解 Scrum 框架及其底层的价值观和原则。Scrum 团队也可能需要藉由教授能力引入一些技术，这些技术有助于他们用 Scrum 推进工作，以及更有效地使用 Scrum。

随着时间的推移，Scrum 团队在持续改进和应对新挑战时所需的技能和知识也要不断改变。Scrum Master 根据 Scrum 团队的成长情况和当前的环境，识别出 Scrum 团队需要什么，从而帮助团队达到下一个需要达到的水平。使用的手段可能是专业培训、简短的练习、知识分享、进修课程、情景教学或者所有这些手段的组合。

当然，需要为团队教授东西的人并不总是 Scrum Master。产品负责人也可以向开发团队教授产品市场、客户需求和业务价值。开发团队成员也可以互相教授质量实践、测试方法和工具。

教授并不仅仅意味着向别人讲述事情，也就是说教授并不是做演讲。人们在实践和探索的过程中可以更有效地进行学习。他们通过与已知的东西建立关联来学习。当新的知识和技能对人们的情感产生影响时，他们也是在学习。[6]

教授不是每个人都能做得到的。有些人可能天生就擅长教授东西，但教授能力最终是每个人都能够发展和成长的。幸运的是，要使用和发展这种能力，您不必达到专业教师的水准。

引导能力

引导者（facilitator）用中立的观点指导一个群体，帮助他们找到自

---

[6] 译注：教授能力也指为大家创造有效学习环境和条件的技能。

己的解决方案或者做出决定。引导者为这个群体提供了足够的结构，使群体成员能够积极协作，在会议和对话中取得富有成效的进展。在法语中，引导 facile 的本意是"容易"或"简单"，因此，引导者的责任就是让一群人的合作变得更容易。

引导能力有助于改进每一个 Scrum 活动。此外，引导能力也有助于改进其他工作会议以及团队在一起进行复杂工作时发生的临时对话。

根据团队的不同需要，可以做轻量级的引导，也可以做范围更广的引导，不一而足。无论会议或对话在哪个范围内，都要确保有足够的结构来达到以下目的。

- 保持与他们的目的或目标一致。

- 创造能够充分展开讨论和协作的环境。

- 阐明团队的决策、关键成果和下一步行动。

任何团队成员都可以通过引导技术来帮助团队。《Scrum 指南》并没有要求 Scrum Master 来引导所有的活动；相反，引导是一种技能，可以而且应该在整个 Scrum 团队中得到发展。引导技能也有助于团队成员引导他们自己的非正式对话和工作会议，使彼此更加专注、更有创造力和更有成效。

教练能力

教练能提高一个人学习、做出改变以及实现预期目标的能力。教练是一个发人深省和富有创造性的过程，使人们能够有意识地做出决定，并使他们有能力成为自己生活中的领导者。[7]

---

[7] 要想进一步了解教练，请参考国际教练联合会 (https://coachfederation.org/) 以及教练培训学院 (https://coactive.com/)。

我们的观点是，教练与建议或咨询不同。关键的区别在于，在教练活动中，由被教练者来引领谈话的进程。而对于建议，接收建议者不是基于自己的经验和想法进行学习和探索的，他接收的建议是基于别人的经验和想法所形成的。"咨询"是一个广泛而松散的术语，不过，它通常涉及咨询顾问亲自去做（而不是帮助他人自己发现解决方案）以及建议人们如何去做。

教练能力可以帮助 Scrum 团队成长，它可以帮助团队成员提高他们的责任感和自组织能力。它还能帮助团队在面对复杂性、新挑战和不断变化时变得更有弹性。

技术卓越

技术卓越是指在技术选择和应用方面的卓越，这不仅仅是技术问题。Scrum 不会告诉您如何成为一个优秀的开发团队，也不会告诉您如何成为一个优秀的产品负责人。每个角色所需要的方法、技能和工具完全取决于工作环境。尽管 Scrum 没有定义做成什么样才算技术卓越，但是做好 Scrum 绝对需要您表现出技术卓越。技术卓越包括许多方面，从工程实践到编程语言，从产品管理实践到质量保证，从机械工程到用户体验设计，等等。

技术和业务的变化如此之快，并且其他的环境变化也会对产品的可能性产生影响，所以如果想要准确定义技术卓越要做些什么，即使您能定义出来也马上就过时了。此外，现在的产品已经不仅仅是软件。因此，随着业务和技术需求的不断变化，Scrum 团队需要不断对技术卓越的意义进行改进和发展。

服务型领导力

《Scrum 指南》将 Scrum Master 描述为一个服务型领导，并举例说明了 Scrum Master 如何为产品负责人、开发团队和组织进行服务。Scrum Master 是负有责任心的服务型领导，也就是说 Scrum Master 的成功取决于 Scrum 团队的成功。Scrum Master 帮助每个人提高能力、有效克服限制以及挑战并拥抱经验主义，在一个复杂和不可预测的世界中以频繁的节奏交付有价值的产品。

然而，履行 Scrum Master 角色的责任有一种微妙的复杂性。当成功取决于其他人的行动时，就很容易想指挥他们，并在事情出现偏差时介入。然而，这种干预可能会破坏团队的自组织和责任心。这时就需要用服务型领导力来指导 Scrum Master。

有责任心的 Scrum Master 具备有以下行为表现。

- 他们创造一个安全的环境，鼓励富有成效的辩论，以确保人们感到被倾听和尊重，从而帮助团队做出更好的决策并拥有这些决策。

- 他们促进共识的达成，帮助团队明确决策和责任，从而提高专注度并建立共识。

- 他们不亲自解决问题，而是致力于提高透明度，赋能团队，帮助他们更好进行自组织，掌握自己的流程、决策和结果。

- 他们对失败和模糊性感到舒服。当团队的决定没有导致预期的结果时，他们会帮助团队学习和成长，并在使用经验方法方面获得信心，使学习和风险控制最大化。

- 他们对人关心，与人们讨论当前状况，帮助人们找到下一步的发展方向，但当人们能力更强时，他们也会毫无顾虑地给予人们更多挑战。

- 他们对组织级的阻碍表现出较低的容忍度，并强烈主张消除这些阻碍，使团队能够取得更好的结果。

这些行为有助于提高参与度、加快反馈，并为产品带来更好的结果。当 Scrum 团队的管理者和组织中的其他领导者作为负责任的服务型领导时，他们会支持 Scrum 团队的发展以及敏捷在整个组织中的发展。[8]

---

[8] 要想进一步了解 Scrum 环境下的服务型领导力，可以查看杰夫·瓦特的 *Scrum Mastery*（Inspect&Adapt Ltd.，2013 年出版）。

持续改进的流程

附录 A "现状评估" 提出了一系列问题。如果花时间与团队成员一起完成这个评估，就会带来更多的视角和见解。评估的目的是帮助大家识别出团队可以改进的领域，而不是要为您所做的错事做出评判。理想情况下，这个工具将帮助整个 Scrum 团队客观看待自己的现状和目标，以此作为团队改进的起点。

在完成自我评估后，寻找那些分值小于或等于 7 分的问题，尤其要重点关注那些分值小于或等于 5 分的问题。

您可能觉得需要改进的地方太多，让人不知所措，但正如我们前面所说的，透明对于改善 "通过使用 Scrum 获得的结果" 至关重要。改善任何复杂问题的方法是先思考下面三个问题。

1. 最大的痛点是什么？

2. 为什么是这样？

3. 我们可以进行哪些小的试验来交付最大的价值？

七个常见的 Scrum 功能障碍

根据我们的经验，有七个常见的错误做法会使团队和组织无法使用专业 Scrum 来充分实现业务敏捷。意图再好，这些错误也可能发生。

1. **未完成的 Scrum。** 在我们与各种团队合作的过程中，我们发现 Scrum 团队最大的痛点是无法在 Sprint 结束时创建一个"完成"的产品增量。不能产生"完成"的增量的 Scrum 团队无法进行检视和调整，也就无法从 Scrum 中真正得到任何好处。这可能会导致僵尸 Scrum、Water-Scrum-Fall 或者这里列出的其他一些功能障碍。

2. **机械（或僵尸）Scrum。** 这个问题是指没有持续改进的精神，不理解或不关心基本的价值观和原则，只是简单走走过场。只是在勾选复选框，却不理解为什么要这么做。

3. **教条 Scrum。** 当一个"专家"根据自己的经验告诉 Scrum 团队"最佳实践"时，可能会出现这个问题。Scrum 没有最佳实践。认为团队必须遵循某些"最佳实践"的说法会阻碍自组织并最终限制敏捷性。Scrum 本来就是为发现机会而准备的框架。

   Scrum 之所以设计得如此轻量，是因为具体的实践和技术是不具备普适性的。产品交付是复杂和不可预测的，它需要自组织团队的创造性探索。最佳实践是在当前时刻对产品和团队有效的实践。六个月以后，它可能就不再是该产品和团队的最佳实践了。

4. **一刀切 Scrum。** 在一刀切 Scrum 中，组织想要对工作进行标准化，他们为所有的 Scrum 团队制定了统一的 Scrum"方法论"。这个问题——常常与教条 Scrum 结合在一起——之所以出现，有时更多是想要有一种一切尽在掌控的感觉（这实际上是一种错觉），而不是出于为组织创造真正价值的目的。它可能表现为试图在 Scrum 中涵盖传统方式中的各种活动和文档。

在 Scrum 中，活动本身并不是最重要的，活动的产出才是最重要的。我们需要对新的工作方式持开放态度，以满足真正的需要。Scrum 是一个流程框架，团队需要在 Scrum 的边界内摸索出适合自己的流程。

5. Water-Scrum-Fall。这个问题有两种表现形式。在第一种表现形式中，Scrum 团队在一系列 Sprint 中运作，但本质是在 Sprint 内仍然在执行瀑布式流程，存在知识和技能的简仓以及多角色交接的情况。这通常会导致在 Sprint 结束时没有"完成"的增量。

在第二种表现形式中，Scrum 团队在 Sprint 中执行其"开发"工作，但是前面有需求和设计周期，后面还有测试周期。这根本不是真正的 Scrum，因为没有打算在每个 Sprint 结束时产生可发布的增量。

6. 小富即安型 Scrum。有了这个问题，Scrum 团队虽然可以通过定期规划和查看产品的状态来获得效率上的一些收益，但它却可以容忍组织级的阻碍和当前的限制，它认为"事情一直是这样做的"，团队成员不会挑战自己去改进技术和工程实践，以便在每个 Sprint 都有一个"完成"的增量。

7. 雪花 [9]Scrum。当一个团队或组织认为它是"独特"的时候，就会出现这种情况，他们认为必须对 Scrum 做出修改才能满足自己的需求。要么做 Scrum，要么不做 Scrum。修改 Scrum 并不能解决问题。修改 Scrum 可能会隐藏您的问题……不过隐藏只是暂时的。当问题处于隐藏状态时，您可能会感觉好一些，但这些问题仍然存在。最终，它们将表现为缺乏业务敏捷性和功能障碍。

---

[9]　译注："雪花"得名于一句古老的谚语"没有两片雪花是一模一样的"。

最大的痛点是什么

不可能一下子解决所有的问题。当您试图同时改变太多事情的时候，您的精力和注意就会被稀释，从而很难在任何一件事情上取得任何有意义的成就。无法快速看到收益，人们往往就会失去兴趣而放弃支持，使得新的习惯没有机会养成。精力过于分散在太多的事情上，也会使人很难度量每一项变革的影响，或者知道哪些变革产生了预期的影响。

更好的选择是，随着时间的推移，持续不断地实施增量的变革，边学边调整，换句话说就是，根据经验反馈来加以改进！有时只需要很小的变化，而有时变化一定要很大，一切都取决于问题究竟出在哪里。哪里最痛，哪里就是最佳的起点！

根因分析

追问"为什么"，深入到问题的根本原因。5 问法是一种通过重复问"为什么"来确定问题根因的技术。[⑩] 该技术名称中的 5 来自于这样的观察：通常需要反复问 5 次问题才能找到问题的根本原因，尽管实际次数可能会更少或更多。

[⑩] 要想进一步了解 5 问法，可以参见 https://link.springer.com/chapter/10.1007%2F978-981-10-0983-9_32。

用五问法来诊断根本原因

为了说明如何使用五问法，我们来看一个实际的例子：发布总是延迟，使客户和其他利益相关者感到沮丧。

您可以问的第一个问题是"为什么发布总是延迟？"得到的答案可能是"因为没有交付'完成'的产品增量，所以我们的工作必须留到下一个 Sprint 继续做。"

作为回应，第二个问题可能是"为什么没有交付'完成'的产品增量？"得到的答案可能是"产品待办事项（Product Backlog Item，PBI）总是比我们想象的更大、更困难，而且我们通常直到 Sprint 的后期才发现这一点。"

根据经验，您可能已经想到一些可能的根本原因。

- 工作太大了（团队流程）。

- 对工作还不够了解（团队流程和产品价值）。

- 团队"完成"事情的方式不透明或者不是有效的（经验主义、团队合作和团队流程）。

- 进度不透明（经验主义和团队流程）。

- 团队成员可能害怕提出问题和风险（团队合作和团队身份认同）。

现在可以设计更好的问题，开始深入挖掘根本原因。您的第三个问题可能是"每天工作进度的透明度有多高？"答案可能是"我们有 Scrum 每日站会，并且在会议中我们都看着 Scrum 板。团队成员报告他们正在处理的卡片的状态。大多数卡片需要几天，有时超过一周才能完成。所以，在 Sprint 即将结束的时候，人们开始报告他们可能完不成。当然，到那时，测试人员就没有足够的时间做测试了。"

根据我们的经验，可能有下面几个根本原因。

- 不理解 Scrum 每日站会的目的，并且，Scrum 每日站会的组织比较差（经验主义、团队合作和团队流程）。

- 开发团队缺乏共同的目标，并且对彼此不负责任（团队合作和团队身份认同）。

- 存在知识和技能方面的简仓，这些简仓阻碍了协作以及在 Sprint 中尽早完成 PBI（团队合作、团队身份认同和团队流程）。

根据提供的答案，提出以下问题来澄清理解。

- 每天工作进度的透明度有多高？

- 为什么团队成员要同时处理不同的事情？

- 当 Scrum 团队发现没有足够的时间来完成所有事情时，他们是如何调整的？

这个例子的对话流程有很多种展开方式，在实际操作中，要想找到问题的根源，需要更长的时间和更多的问题。主要的痛点往往是复杂的，并且可能是由多种根本原因导致的。因此，您将不得不做出优先级排序，看看先走哪条路。然后，就会开始看到主题或模式的形成。寻找具有基础性的根本原因，如果这样的根本原因得不到解决，就没法解决影响到 Scrum 有效性的其他问题。

Scrum 团队可以在 Sprint 回顾会中使用五问法技术[11]来帮助了解为什么会遇到某个特定的问题（参见图 1-1）。

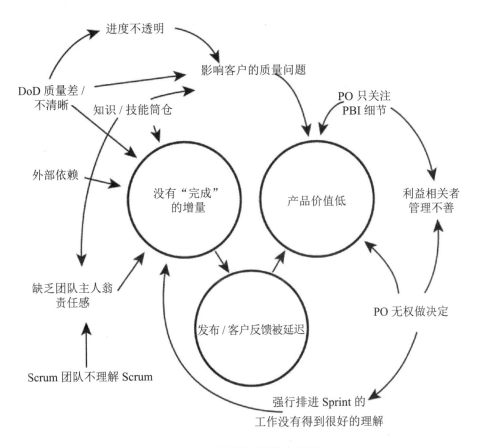

图 1-1 根因分析的输出示例

在图 1-1 中，Scrum 团队三个主要的痛点被圈了出来，每个可能的原因都被显示为对一个或多个痛点的贡献。既然问题和根本原因得到了可视化，Scrum 团队就可以明智地决定从哪里开始解决最关键的问题。尽管没有一个神奇的公式能够解决所有可能的根本原因，但是团队可以

---

[11] 编注：关于回顾会，建议参考《回顾活动引导：24 个反模式与重构实践》（Aino Vonge Corry，2021），其中讲到了如何用"5 H（5 个如何）"来代替 5W"5 个为什么"。

使用迭代和增量方法发现在此时此刻适合他们的最佳选项。运用经验主义可以进行渐进式改进。通过讨论挑战以及可能的根本原因，可以使事情变得透明，并且可以对这些透明的信息进行检视。

尝试不同的方法

复杂问题并没有什么简单或显而易见的解决方法。在对特定的解决方案进行重大投资之前，要先确保理解这个问题，并且有可行的解决方案来解决它。不管有怎样的数据、直觉和经验，总有一些事情是您不知道的。

为了不被这些未知因素所麻痹，向前迈进，您可以尝试做一些试验，看看什么可能有效或者收集更多的信息。[12]听起来与驾驭复杂性和不可预测性的做法如出一辙，对吧？

要有效地通过试验来进行改进，请遵循以下步骤。

1. 找出要解决的问题。您可能通过根本原因分析产生了一些想法。

2. 建立一个假设，假设您认为采取某项行动就可以有所改进。

3. 决定您将做什么来检验这个假设。

4. 进行试验。

5. 分析结果。包括将实际结果与预期结果进行比较、反思所学和收集反馈。

6. 改进并重复以上操作。这可能包括修改假设或试验。

---

[12] 以结构化和规范化的方式尝试事物是科学方法的基础：https://www.britannica.com/science/scientific-method。

设计试验时，请搞清楚以下三点。

- 您想学到什么？

- 您要如何度量成功？

- 多久能得到反馈？

在设计试验时，还要考虑试验潜在的投资回报率（ROI）。理想情况下，试验要非常小，以便可以将投入降到最低，并更快得到反馈。试验也应该提供足够的价值。低垂的果实可能摘起来又快又容易，但您从中得到的回报可能较少。价值越高的东西可能需要更多的投资、时间和精力。

没有惟一正确的答案。必须考虑团队独特的痛点和独特的需求。必须有创造性地把大的东西分解成更具价值的小试验。这样做，就可以迭代和增量地进行改进。

现在，您知道自己在哪里，并且也知道自己想去哪里。一旦确定要开始做试验以便更接近目标位置时，请创建一个改进待办事项列表，将其中的待办事项排序，然后开始行动。

就像 Scrum 使用经验方法来解决复杂问题并交付有价值的产品一样，您也可以使用经验方法来解决复杂问题并充分利用 Scrum 的好处。可以在 Scrum 团队层面和 Scrum 团队之外的其他组织层面执行此操作。对于单个 Scrum 团队来说，这个持续改进的周期已经构建在 Sprint 的节奏中，因而会用 Sprint 回顾会来检视和调整 Scrum 团队的工作。此外，每个 Scrum 团队要决定每个 Sprint 需要投入多少时间进行改进，以及如何组织和验证每个 Sprint 所做的改进。

成功还是失败

有没有可能表面上成功但实际上是失败的呢？有没有可能表面上失败但实际上却是成功的呢？

您可能已经注意到，附录 A 中的许多业务敏捷评估问题都涉及结果（如价值、快速交付等）。虽然结果最重要，但如果行为有助于构建团队的能力，行为也很重要。

在复杂的工作中以及周围不可预知的环境中，我们无法控制所有的变量。如果真的可以的话，要提前计划好一切，按照计划去做，并获得有保证的结果。然而，在混乱的现实世界中，您可能做了所有"正确的事情"，但仍然得不到预期的结果。这说明了观察行为也很重要。

当您分析试验的结果或改进试验的步骤时，请同时考虑结果和行为，特别是它们随时间变化的趋势。例如，考虑这样的情况：一个开发团队在新的集成中发现了重大的技术挑战。开发团队在 Sprint 的第一天就开始了这项工作，因为团队成员知道这将是一项更具挑战性的工作，并且之前他们通过艰苦的方式学到了应该尽早处理风险更大的项目。他们按照"蜂拥"模式[13]来工作。他们将这一情况告知产品负责人，并一起努力将工作分解得更小。不过最终，他们还是没有"完成"。

在这个例子中，有一个明显的失败：团队没有"完成"的增量。但也有成功的地方：团队应用以往的经验并尽其所能利用了当时的认知。他们在整个 Sprint 期间协作、协商和调整。关键是找到新的学习方法，以便下次做得更好：也许团队决定调整他们梳理产品待办事项列表的方法，以不同的方式分解 PBI；也许他们会找出需要补齐的技能；也许他们会决定改变开发实践或工具。

最后，要提出下面两个问题。

- 我们当时是否已经尽了最大的努力？

- 我们怎样才能做得更好？

---

[13] 译注："蜂拥"模式是指尽可能多的团队成员同时且仅为某一个高优先级 PBI 工作，直到完成。

小结

我们关注了七个关键改进领域：敏捷思维、经验主义、团队合作、团队流程、团队身份认同、产品价值和组织，它们为我们提供了一个视角，通过这个视角，可以检视团队实现其目标的能力并找到改进的方法。通过寻找潜在的根本原因，进行各种试验尝试改进，然后进行检视和调整，可以逐步、始终如一地、不断提高能力以取得更好的结果。

这七个关键领域还提供了一个观察结果和行为的视角。可以像剥洋葱一样寻找潜在的根本原因。这个视角可以聚焦于重点问题，使其更加清晰，从而可以反思并有意识地采取行动。

要想用经验主义的方法来改进经验主义，必须对改进所要达成的预期结果保持透明，并定期检视和调整工作方式，最大化 Scrum 的收益。

行动号召

回顾自我评估问题和评分的笔记，并考虑以下几点。

- 关于数据，您注意到了什么？

- 您看到了什么趋势？

- 您从这次评估中获得了哪些新的见解？

以本章中讨论的内容作为指导，采取以下步骤与 Scrum 团队进行协作讨论。

1. 找出最主要的两到三个痛点。

2. 对于每个痛点，找出可能的根本原因。

3. 选择两个或三个要解决的根本原因。

4. 建立一个优先级列表，列出打算实施的第一批改进措施。对于每一个"试验"，一定要澄清预期的结果以及度量的方法。

5. 开始行动。

第 2 章

打造坚实的团队基础

　　敏捷的成功始于强大的团队。理想的团队是有凝聚力、跨职能和自组织的团队，不过，大多数团队最开始都是由一群个体组成的松散集合，他们必须学会齐心协力，实现共同的目标。新组建的 Scrum团队，尤其是那些还不习惯跨职能团队的成员，在开始时通常很难在每个 Sprint 中交付"完成"的产品增量。在本章中，我们将讨论团队如何克服这些挑战。

形成团队身份认同

不能简单地把一群人放在一起，告诉他们"你们是一个团队"，然后就指望着他们可以取得伟大的成就。组建一个团队，意味着要对这一群人有所投入，使他们能够共同完成仅由个人无法完成的事情。团队成员共同构成了一个全新的生命体，随着时间的推移，"团队"逐渐形成一种身份认同。

从根本上说，建立团队身份认同是通过回答以下三个问题来达成的，这三个问题会引领团队走向成功。

- 我们为什么存在——我们的目的是什么？

- 对我们而言什么是重要的——我们珍视什么价值观？

- 我们要共同实现什么目标？

就像每个个体一样，每个团队也会（随着团队成员的学习和成长）不断地完善和清晰它的身份认同。团队对身份认同的信念有助于（或有碍于）实现共同目标并不断提高效率。在敏捷产品开发的背景下，敏捷思维会为 Scrum 团队身份认同的形成提供一个有益的起点。①

---

① 要想进一步了解如何使用 Scrum 价值观和敏捷宣言的价值观（www.agilemanifesto.org）来完善团队的身份认同，请访问 https://www.scrum.org/resources/blog/maximize-scrum-scrum-values-focus-part-1-5。

怎样才能成为一名优秀的团队成员

我们都是人，是人就会犯错，即使我们的出发点是好的。我们都想竭尽全力去达成目标，也都想要学习和成长。我们能做很多很多我们想不到的事情，一旦感受到彼此之间的连接并且拥有共同的社区时，我们就会充满活力。同时，我们每个人都是非常独特的。

即使是在团队环境中，理解和欣赏个体也是很重要的。虽然个体需要放下自己的身份和自我，专注于团队的目标和成果，但团队中每个人都有各自的需要。毕竟，个人目标得以满足和实现的人会更有创造力和生产力，甚至别人在和他一起工作时，也可能会更快乐。

在以下三个方面加以考虑，能够帮助我们欣赏团队成员将为团队带来的独特技能和才干，并理解成为该团队的一员可能如何帮助这些个体成长并找到成就感。

- **人格**。每个人都是非常独特的，他们有不同的人格，人格表现为可能持续一生的偏好和行为。有些特征是先天遗传的，而有些则是由个人的成长经历塑造的。然而，人们可以有意识地选择不同于其先天偏好的行为，从而满足团队的预期目标。[2]

  人格差异会造成冲突，而这些差异也创造了多样性，它以让团队更具创新性和高效性的方式扩大了团队的视角。[3]如果团队是高效的，团队成员会想出办法以健康的方式来化解这些冲突。

---

② https://carleton.ca/economics/wp-content/uploads/little08.pdf。

③ https://hbr.org/2013/12/how-diversity-can-drive-innovation。

- **情商**。情商是指理解和管理个人的情绪和行为并能够识别和影响他人情绪的能力。[④] 情商可以帮助人们理解何时以及如何表现自己的人格特质。

  根据 TalentSmart 的研究，情商由多种技能灵活组合而成，这些技能可以通过练习来提高。尽管有些人天生就比其他人拥有更高的情商，不过这些技能都可以在后天学习并发展的。此外，TalentSmart 还发现，90% 的高绩效员工情商很高；只有20% 的低绩效员工情商高。[⑤] 当我们考虑产品开发的性质[⑥]时，这一结论就合乎情理了。

- **内在动机**。尽管动机对所有工作都很重要，但除非每个团队成员都有内在动机，否则自组织团队是没有效率的。正如丹尼尔·平克（Daniel Pink）在《驱动力》一书中指出的那样，知识工作者不是由金钱这样的外在奖励所激励的，而是由以下三个因素所激励：[⑦]

  ◦ **自主**。人们可以控制自己的工作方式。

  ◦ **专精**。人们有能力在某方面变得出色，成长和提高自己的知识和技能。

  ◦ **目的**。人们觉得他们在做比自己更重要的事情，他们在工作中看到了意义。

---

④ 译注：要想进一步了解情商，请参见中译本《情商：为什么情商比智商更重要》（作者 Daniel Goleman，中信出版社出版）。

⑤ 译注：《情商 2.0：如何测量和提升自己的情商》（作者 Travis Bradbury 和 Jean Greaves，中国青年出版社出版）。

⑥ 译注：复杂且需要强大的团队合作。

⑦ 译注：《驱动力》（作者 Daniel H. Pink，中国人民大学出版社出版）对人们从事复杂智力活动的动机进行了令人信服的讨论，有视频短片对此进行了总结：https://www.youtube.com/watch?v=u6XAPnuFjJc。详情可参见 https://www.danpink.com/drive。

人格与情商

某个 Scrum 团队与一位名叫 Alex 的团队成员相处时感到很沮丧，团队成员说他"消极""敌对"和"轻率"。新上任的 Scrum Master 几周来一直听到人们在抱怨 Alex。她也密切观察 Alex 和团队其他成员之间的互动，发现 Alex 的人格使其在宜人性⑧方面处于劣势。

通过分别与 Alex 和其他团队成员进行一系列一对一的谈话，以及利用团队讨论工作的机会，Scrum Master 帮助团队成员更好地理解了人格差异及其带来的好处。团队成员开始意识到，Alex 并不是要对他们的想法持否定或怀疑态度。他的本性就是通过提出质疑来帮助理解，从而确保进行了充分的探索。他们甚至开始欣赏并更多地征求他的意见。Alex 也更加认识到他之前的表达方式如何使其他成员感到消极甚至觉得是一种伤害，在之后质疑和探索同事想法的时候，他也更加注意方式方法了。

通过更好地了解自己及对方的人格，团队成员可以更好地选择他们在日常互动中的行为表现。达到这种状态以后，团队能够更好地达成预期的结果，同时感到合作起来更加轻松愉快。

成功团队的成员有足够的自我意识来了解自己的优势，有足够的情商来调整自己对周围人的反应，并且有内在的动机与他人合作，从而实现自己无法独立完成的目标。⑨

---

⑧ 译注：尽管已经开发出许多用于理解人格偏好的模型，但宜人性因素来自五因素模型（Five Factor Model）。详情请参见 https://positivepsychology.com/big-five-personality-theory。人格结构中的五大因素称为"大五"（big five），分别是神经质（N）、外向性（E）、经验开放性（O）、宜人性（A）和尽责性（C）。

⑨ 译注：更多关于个人在团队合作中成长的技能和特质，请参见 Christopher Avery 的 *Teamwork Is an Individual Skill*（ReadHowYouWant, 2012）和中译本《理想的团队成员：识别和培养团队协作者的三项品德》（作者为 Patrick Lencioni，电子工业出版社出版）。

哪些人应该加入 Scrum 团队

在完美的世界里，每个人都拥有团队可能需要的所有技能，在这种情况下，这个问题的答案是"任何想加入 Scrum 团队的人"。然而在现实中，您既要保持团队成员的数量足够少，以便管理沟通的复杂度，又要让团队拥有大量不同的技能，以便在每个 Sprint 中都能交付"完成"的产品增量，这时您就必须对谁在和谁不在 Scrum 团队中做出深思熟虑的权衡和明智的选择。然后，整个团队就要在这些选择所建立的约束下工作。

随着时间的推移，团队成员需要不断提高自己的技能。作为一个团队，要尽其所能充分利用现有的技能，同时还要努力提高技能来缩小差距。在跨职能团队中工作意味着团队成员愿意为整体的成功做出贡献，即使他们在做某件事方面可能不是最好或最快的。这样的团队会想方设法充分利用整个团队的知识和技能，并且他们也能够在发现导致工作变慢的差距和瓶颈时采取行动来提升自己。在这个过程中，团队成员会逐渐发展出更多不同类型的"深度"技能（图 2-1）。⑩

---

⑩ "T 型技能"是一个比喻，指一个人既有问题解决或业务领域技能的广度，也有某个专业领域的技能深度（详情请参见 https://en.wikipedia.org/wiki/T-shaped_skills）。"π 型技能"和"梳型技能"是指在两个甚至多个专业领域都拥有精深的技能。

图 2-1　随着时间的推移，团队成员倾向于在更多的领域发展"深度"的技能

开发团队要确保自己是跨职能团队。事实上，这是自组织的一个关键方面。开发团队可以选择向团队中添加人员，以获得更多的技能和知识。团队成员也可以选择接受正式的培训或花时间自主学习，以便在知识和技能的广度和深度方面都有所发展。此外，开发团队还可以选择以一种支持辅导（mentoring）的方式工作，旨在使现有团队成员进一步成长。随着产品和团队的进化，团队成员之间知识和技能的分布也需要不断进化。

开发团队不能只懂开发

在考虑向客户或真实用户交付"完成"的产品增量需要哪些技能时，请考虑以下问题。

- 开发团队成员是否需要了解客户是如何使用产品的？

- 开发团队成员是否需要了解产品变更可能对业务流程或客户 / 组织内使用的其他产品有何影响？

- 开发团队成员是否需要了解他们的产品是如何受到组织业务流程、政策和其他产品变更的影响的？

当然，所有这些问题的答案毋庸置疑都是肯定的！业务分析技能是交付可工作价值增量的重要组成部分，但这并不总是意味着开发团队需要一名业务分析师，您必须要跳脱旧有的产品构建思维。

如果有这种业务背景的人加入开发团队会怎样？这个人的知识、经验和技能会对 Sprint 中的工作做出怎样的贡献？也许这个新成员可以通过回答问题的方式为正在开发的 PBI 指明方向；这个人也可能会为质量的提升做出贡献，比如他可以对测试方法和测试用例的细节提出自己的见解，也有可能去直接上手帮助做测试；也许这个人可以在开发在线帮助文档、编写培训材料或业务变更管理活动中发挥作用：也许他 / 她可以为产品待办事项列表的梳理做出贡献。所有这些贡献都将帮助开发团队满足"完成"的定义。

并不是开发团队中的每个人都必须会写代码，创造有价值的"完成"的增量需要的不仅仅是写代码。

Scrum 团队如何制定工作协议

工作协议明确地展现出团队的承诺是什么，它能够帮助一群不同人格、偏好和经验的人在一起高效工作。请记住，工作协议不是由 Scrum Master 强制执行的，而是由整个 Scrum 团队共同承担：团队成员对彼此负责，并在出现问题时及时处理。工作协议并不是一成不变的，随着团队的进化，团队应该定期回顾和更新工作协议。

工作协议通常涉及三个方面。

- **任务**（Task），即团队预期的活动和交付物。

- **流程**（Process），即活动的开展方式。

- **规范**（Norm），即团队成员之间的互动方式。

制定工作协议有助于形成强有力的团队身份认同。工作协议源于团队成员所珍视的价值观和原则，而制定工作协议的过程往往能使这些价值观和原则具象化。这样的协议奠定了团队自组织的基础。一旦所有成员都拥有一套共同的价值观和原则，Scrum 团队就会更专注于团队的成功，而不是追求个人的成就。一旦知道工作协议建立在价值观和原则的基础上，即使有一些顾虑，也更容易对团队的决策做出承诺。

提出以下问题可能有助于制定团队的工作协议。

- 我们的质量标准是什么，我们如何才能确保达到这些标准？

- 我们如何进行有效的协作？

- 我们如何在团队内部分享信息，又如何向团队外部的利益相关者分享信息？

- 我们在会议的出勤率、准时性和参与度方面有哪些标准？

- 我们如何做决策？

- 我们如何表达冲突或分歧？

- 当冲突发生时，我们希望它是怎样的？

- Scrum 价值观将如何指导我们的互动和工作？

- 我们将如何培养团队成员的知识和技能？

- 对我们来说，尊重他人体现在哪些行为上？

- 我们将如何监控我们的表现和进展？

- 为了我们的承诺，我们将如何对彼此负责？

开发团队对"完成"的定义也是一种工作协议，它约定了团队如何确保产品增量的质量和完整性。

团队目标宣言

帮助团队构建自己的目标宣言（图 2-2），是将团队团结在一起，并使其工作协议清晰透明的一种有用的方式。目标宣言涉及以下要素。

- **什么（What）**：团队试图满足客户的什么需要。

- **如何（How）**：为了满足客户的那些需要，团队将使用哪些方法或技术。

- **谁（Who）**：对主要客户的描述。

- **为什么（Why）**：为什么满足那些客户的需要如此重要。

- **附加题**：是什么让团队与众不同。

> 我们提供易于使用的内容管理解决方案，使我们的用户能够更有效地开展工作和服务客户，相信他们遵守所有监管、法律和安全标准。

图 2-2 团队目标宣言示例

自组织有哪些具体表现

自组织的 Scrum 团队能够自己决定如何开展工作。在敏捷实践中，自组织表现在下面几个方面。

- Scrum 团队对自己的流程拥有自主权。他们不会抱怨流程，而是改变那些不好用的流程，并敢于挑战阻碍他们工作的组织级流程。

- Scrum 团队一起确定 Sprint 目标。开发团队一起预估 Sprint 中能完成多少工作，一起决定如何完成这些工作。

- 开发团队成员不会等到 Scrum 每日站会时才提出遇到的挑战或阻碍。

- 开发团队成员决定如何以及何时暴露危及 Sprint 目标的问题。

- 开发团队成员更新 Sprint 待办事项列表，以反映当前的工作进度及新近获得的信息。

- Scrum 团队决定他们作为一个团队将如何改进，并在每个 Sprint 中负责实施这些可执行的承诺。

- Scrum 团队成员处理并解决他们自己的分歧和冲突。

- Scrum 团队及时基于共识做出决策。他们决定是否需要咨询外部专家。

有效的自组织需要三个要素：共同的目标、明确的职责和清晰的边界，如图2-3所示。如果其中任何一项被削弱，团队就可能失去自组织的能力，变得不那么高效。

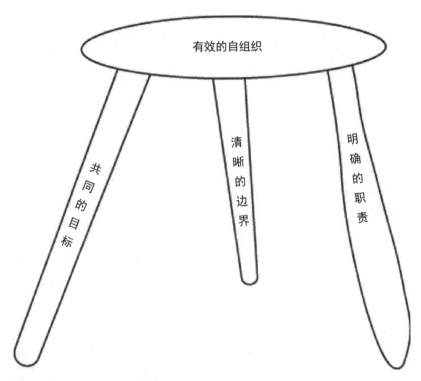

图 2-3　有效的自组织需要三条腿才能保持平衡

共同的目标

所有伟大的团队都需要一个目标，越大胆越好。他们需要一个可以为之努力和拉伸自己的目标，以及一项用于进行度量的成果。如果没有共同的目标，团队成员很容易走上不同的道路，团队也很容易失去目标和凝聚力。

共同的目标通常始于产品的目标，体现为清晰的业务战略、明确的产品愿景、对客户价值的透彻理解以及明确的度量方法。所有这些方面都指引着团队看到他们要去哪以及什么是重要的。

Sprint 目标也很重要，它为 Scrum 团队在执行 Sprint 时提供了一个总体的目标。当团队在 Sprint 中构建增量时发现新的问题或遇到挑战时，Sprint 目标让团队能够专注。可以把 Sprint 目标看作是实现长期发布或业务目标的里程碑节点。

再微观一点儿来看，开发团队每天都会通过 Scrum 每日站会来关注未来 24 小时内计划做的工作，以保证团队是在朝着 Sprint 目标前进的。

明确的职责

Scrum 为每个角色定义了明确的职责。组织必须尊重这些职责，这意味着要确保 Scrum 团队成员有权履行其职责。团队成员还需要相应的知识和技能来履行其职责，这可能需要组织在知识的传递和培训上进行投资。它还可能意味着让团队成员能够获取到必要的信息来帮助做出决策。

当然，Scrum 团队成员需要充足的时间来履行其角色。如果团队成员还承担除 Scrum 角色之外的其他多个职责时，就要评估可能产生的影响，这是十分重要的：哪个角色优先？是否有充足的时间来履行 Scrum 角色？其他角色是什么情况？当一个人不得不做出艰难的选择，放手一些事情来履行 Scrum 角色时，会发生什么？反过来又会如何？

此外，如果个人绩效评估的方式和这个人的职责有很大差异，就会给团队成员带来两难的选择。他们应该做对自己最有利的事情（即为了获得好的绩效），还是应该尽最大努力来履行他们的 Scrum 角色？

随着产品、业务和 Scrum 团队的发展，履行产品负责人、开发人员和 Scrum Master 这三个角色所需做的事情也会有所变化。为了确保能够适应这些变化，Scrum 团队要持续评估现在和不久的将来都需要什么，这是非常重要的。

清晰的边界

Scrum 框架（包括其 11 个元素以及将它们结合在一起的规则）为 Scrum 团队自组织提供了"安全"的边界。这里的"安全"指降低失败的风险，限制失败的成本。

在 Scrum 中，时间盒就是边界的一个例子，时间盒有助于 Scrum 团队保持专注、创造紧迫感、减少浪费以及限制风险。思考一下时间盒是如何为团队提供这些好处的，或者时间盒在哪些方面还有所欠缺。

Scrum 框架要求至少在 Sprint 结束时交付一个"完成"的增量，"完成"的定义为开发团队提供了质量和完整性的明确界限。请注意，组织可能会对"完成"做一个最低的基线定义，这是组织设定的最小边界，开发团队可以在此基线基础上制定自己的"完成"定义。

也可能需要在 Scrum 框架之外建立和澄清一些边界，这些边界可能涉及技术决策、团队发展或其他许多类别。以下问题可以帮助澄清这些边界。

- Scrum 团队有权做出哪些决策？
- 团队在做某些类型的决策时需要咨询谁？
- 团队做出某些类型的决策时需要通知谁？

例如，当 Scrum 团队成员想要把一项新技术引入其生产平台时，团队可能需要咨询企业架构组。当团队想要为扩大生产平台的规模而做出改变时，他们可能只需要通知企业架构组。

另一个例子是 Scrum 团队在团队发展方面所能做的决策。Scrum 团队可以自主决定其成员如何协作构建增量，团队成员间可以自主相互教授和指导以提升技能，但如果团队想要投入超过特定金额的资金用于培训或其他学习资源，就可能需要咨询他们的经理。

领导力和自组织

领导力对于创造高效自组织的环境来说至关重要。大卫·马凯特在《授权：如何激发全员领导力》一书中，将掌控（control）（即给予更多的控制权）、才能（competence）和阐明（clarity）这三者[11]的关系描述为创造基于意图的领导力（intent-based leadership）空间的一种手段。

领导者的工作是支持开发团队努力提高他们的整体能力。领导者可以帮助团队构建才能和阐明，然后给他们更多的控制权。或者，领导者可以先给更多的控制权，然后再填补才能和阐明。要想快速改变和提高，方法是先给更多的控制权，这需要领导者信任自己的团队。一旦团队有了 Sprint 边界来专注于目标并将失败的影响降到最低，就更容易做到这一点。

人们边工作边学习时，才能和阐明发展得最快，这就是经验主义的精髓！即使没有达到目标，他们也能学到新的知识，帮助他们在下次尝试时更接近目标。有些敏捷专家把这种方法称为"快速失败"，但事实上，惟一真正的失败是没有从试验中学到任何的东西。

---

⑪ 译注："掌控"指的是将决策权逐步下放到基层组织，"才能"指的是人们具备过人的技术能力来做出正确的决定，"阐明"指的是位于组织各阶层的员工要清楚并从整体上了解组织的目标。

Scrum 团队如何协作

自组织、跨职能的团队需要学会协作。要做到这一点，团队成员需要投入精力构建他们的"协作资产"。以下五种资产可以帮助团队从有效的协作中获益：[12]

- 信任

- 富有成效的冲突

- 承诺

- 责任

- 共同的目标和成果

如图 2-4 所示，这些资产相互依赖。如果没有信任，就不可能拥有其他四种资产。如果没有富有成效的冲突，就不可能有承诺、责任和共同的目标。对于每种资产，都可以依此类推。

---

[12] 如果您读过《团队协作的五大障碍》（作者为 Patrick Lencioni），可能会对这些内容很熟悉。在这本备受赞誉的书中，提出了五种功能障碍。在这里，我们关注的是这些功能障碍的反面，即"协作型团队的资产"。

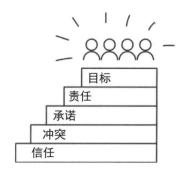

图 2-4　这些资产构成了团队有效协作的基石

信任，在这里指的是愿意向团队中的其他成员展示自己的脆弱，例如愿意承认错误或寻求帮助。当团队成员彼此信任时，他们对富有成效的冲突就会持开放态度：他们愿意相互挑战，挑战假设，并愿意接受和分享他们认为可能是胡乱的或疯狂的想法。[13]

实战案例 5

建立信任

信任是愿意把自己置于易受伤害的境地，也就是说，对自己重要的东西即使容易受到别人行为的伤害也心甘情愿。在信任的氛围中，人们可以高效协作，使事情能够以更快的速度和更低的成本完成。相反，当信任缺失时，业务就会慢下来，成本也会增加，因为人们会花更多时间试图保护自己免受不信任之人的影响。[14]

没有一种确定的方法可以建立信任，同时，又有无数种方法可以摧毁信任。我们把信任看作是一个持续的旅程，是通过人际关系和交往中所表现出来的一致性慢慢建立起来的。这个旅程没有终点，而且很容易就会倒退。

---

⑬　详情可参见 https://www.agilesocks.com/build-trust-enable-agility/。

⑭　详情可参见中译本《信任的速度：一个可以改变一切的力量》（作者 Stephen M. R. Covey，中国青年出版社出版）。

以下是我们用来建立信任的一些技巧：⑮

- **先行一步**。您可能需要先信任别人，然后才会有回报。向他人展示脆弱，让大家看到展示脆弱是可以的。寻求帮助或承认错误，都是可以的。

- **敢于说不**。如果过度承诺，就会有做不到的风险，并对他人产生负面影响，别人可能会认为您不可靠。

- **相信人的本意是好的**。尽您所能始终相信无论他人说什么或做什么，本意总是好的。虽然当某人的言行举止造成了负面影响时，我们要去处理，但是在进行谈话时请注意，要假设对方的本意是好的。这个假设有助于处理冲突、解决问题、能够更加了解对方，同时表明自己对他是信任的。

- **避免流言蜚语**。谈论别人，通常被认为是一种与他人聊天和建立联系的一种简单方式。然而，意想不到的后果是，它会使您显得不值得信任。如果您评论了另一个人，并与我分享了那个人私下告诉您的事情，我怎么知道您不会跟别人说我悄悄告诉您的事情呢？

- **言行一致**。确保自己信守承诺很重要。如果告诉团队可持续的节奏很重要，自己却在周末长时间工作和回复邮件，这就说明您所宣称的信念和您的行动是不一致的。

- **坦诚相待**。创造一个环境，让人们能够开诚布公地表达个人感受、担心和愿望，这对信任至关重要。您可能要带个头，以身作则。在创建工作协议时，询问团队成员需要哪些协议才能帮助彼此坦诚相待。

- **犯错时，分享学到的经验**。与其专注于指责（或更糟糕的羞辱），不如帮助每个人认识到，每一个错误都是一个学习的机会。鼓励团队成

---

⑮ 要想进一步了解如何建立信任，请访问 https://brenebrown.com/videos/anatomy-trust-video/。

员与团队分享自己从失败中学到的经验。您可能要带个头，以身作则，在适当的时候，分享自己犯的错误。

- **彼此了解。** 除了工作以外，鼓励团队成员将彼此看作是经验丰富和生活充实的人。创造一些场景，帮助人们通过分享个人经历来建立联系。可以谨慎地询问团队成员的家人、朋友、爱好或兴趣。考虑先从分享自己的个人信息开始。

冲突，在这里指的是以富有成效的方式，利用冲突来产生新的想法和探索不同的解决方案。高效的团队可以利用成员的不同观点，有建设性地挑战和改进解决方案。在相互尊重的前提下寻求最佳可能的结果时，充满激情的争论有时是促成突破性解决方案的催化剂。富有成效的冲突包括质疑现状、挑战假设和克服限制性信念。

实战案例6

在冲突频谱中导航

一旦团队成员之间能够彼此信任，就可以利用富有成效的冲突的力量。有时，团队甚至可能希望刻意寻找冲突来处理复杂的问题，而在其他时候，他们希望化解冲突。

那么，团队如何知道冲突是否富有成效呢？当冲突的存在是因为团队成员观点不同但仍然共同致力于为客户、利益相关者和组织实现最佳结果时，这种冲突就是富有成效的冲突。这时如果冲突让您感觉有点儿不舒服，请时刻提醒自己：有益的冲突总是源于想要变得更好。

这点有助于您理解自己对冲突的自然反应，这是您人格的一个组成部分，它没有对错之分，只是一种偏好。如果觉察到这一点，您就可以推翻最初的偏好。[16]

冲突往往会逐步升级。冲突最开始可能只是简单的观点或想法的差异。也许个人和环境等因素会导致冲突升级，其驱动力可能是要寻求自我保护、需要得到验证或者要维护根深蒂固的信念系统。此外，在这个过程中，人们还可能会采用结成联盟或暗中破坏甚至威胁等手段。重要的是要识别出冲突的级别并作出反应，促使人们共同致力于寻求最佳结果。

能够有效地参与和解决冲突对于自组织团队来说非常重要。有些团队可能需要有人帮助他们学习如何参与到富有成效的冲突中。而另一些团队可能需要帮助缓和不健康的冲突。而在某些情况下（如骚扰、遭受身体或情感伤害的风险），可能需要立即采取行动进行干预、分离并采取适当的措施。[17]

　　承诺，在这里是指一旦团队解决了冲突并达成共识，团队成员就会做出决定，因为他们认为自己的想法和观点得到了团队其他成员的尊重。我们经常使用"不同意但承诺"这个短语来反映团队成员可能仍然坚持自己的观点，但他们向团队其他成员承诺尊重团队的决定。

---

[16]　TKI（Thomas-Kilman Instrument）可以用于理解冲突响应模型。

[17]　我们鼓励寻找更多资源来了解冲突模型。在此提供两种模型供大家探索。但请记住，最好的模型需要能帮助您和您的团队参与到富有成效的冲突中。虽然李斯（Speed Leas）的冲突等级模型虽然最初在教会中推广使用，但到现在，已得到了敏捷社区的普遍认可，详情可访问 https://dzone.com/articles/agile-managing-conflict。另一个可以参考的模型是格拉索（Friedrich Glasl）的冲突升级九阶模型：https://www.mediate.com/articles/jordan.cfm。

引导共识

这里介绍的共识技术，是指快速、透明地收集团队对某项决定的立场相关数据。以下是一些适用场景。

- 确定 Sprint 事件的时间安排。

- 确认开发团队对 Sprint 目标和 Sprint 待办事项列表的共识。

- 在讨论设计或架构方法的协作会上。

- 在产品待办事项列表梳理会上，确定如何将特性 / 功能分解为较小的 PBI，以及（或者）如何以及何时进行试验以获取反馈和新的信息。

使用这些共识技术时，假设已经进行了充分的讨论，确保大家对每个人的想法都进行了探讨并且有了共同的理解，并且每个人的意见都得到了倾听。

五指投票法是一种共识技术，可以让一群人迅速了解大家同意什么和不同意什么。人们举起一只手，用手指摆出一个数字，代表自己的支持程度。要达成基于共识的决策，可能需要经过几轮讨论和投票。可以用时间盒来帮助团队保持专注，避免大家变得优柔寡断。[18]

罗马投票法源于罗马人在角斗场上表示自己意愿的方式。人们通过大拇指指向上面、侧面或下面的手势来表示自己的支持程度：

- 大拇指向上表示"我赞成"。

---

[18] 详情可以参考塔巴卡（Jean Tabaka）的著作 *Collaboration Explained: Facilitation Skills for Software Project Leaders*（Addison-Wesley Professional，2006）。

- 大拇指指向侧面表示"我听从大家的意见"。

- 大拇指向下表示"我不支持这一点，并希望向小组发言"。

如果所有的大拇指都是向下或向上的，结论就很清楚了。如果出现混合的情况，一定要允许拇指向下的人发言。对于所有大拇指都指向侧面的决定一定要谨慎，因为团队中可能存在表面的和谐或不健康的冲突，需要从更深的层面去探讨。[19]

责任，这里是指团队成员要为所做的承诺对彼此负责。挑战团队成员不遵守承诺是需要勇气的。由于责任建立在信任的基础上，再加上每个人都拥有相同的目标，因此这些对话中固有的冲突就很容易化解，并引导到关于"如何取得进展"的富有成效的讨论中。

与管理层为团队负责相比，团队成员之间彼此负责更加有效。这也说明了为什么承诺是促成彼此负责的基石，相比由其他人代表自己做出承诺，团队成员对自己做出的承诺更有责任感。

当团队成员愿意为彼此负责时，他们就能够帮助团队制定并达到更高的标准。这可能表现为更高的质量、更好的解决方案、更好的学习和更多的创新。

只有团队内部有了责任感，才可能专注于共同的目标和成果。

---

[19] https://www.mountaingoatsoftware.com/blog/four-quick-ways-to-gain-or-assess-team-consensus。

团队是如何发展的

团队合作极其重要，但并不会自动发生，而且通常也不会很快发生。大多数团队从刚开始组建到建立起有效的协作，都会经历一系列的阶段。塔克曼（Bruce Tuckman）的团队发展模型是审视团队成员在学习合作时团队所经历的变化的一种方法（图 2-5）。有些团队永远无法超越较低阶段，并且，一旦出现挫折、有新成员加入或关键成员离开，团队就可能退回到早期阶段。

团队发展的五个阶段

| 形成期 | 震荡期 | 规范期 | 成熟期 | 解散期 |

图 2-5　塔克曼团队发展模型 [20]

---

[20]　关于塔克曼团队发展模型及其在团队发展中的应用，请访问 https://project-management.com/the-five-stages-of-project-team-development。虽然塔克曼团队发展模型看似在表明团队发展是以线性方式进行的，但实际情况要复杂得多。尽管如此，该模型还是为观察团队的进化过程提供了一个视角。

当团队处在**形成期**时，他们试图了解对方，并且在交往中可能会有所保留。他们一边避免冲突，一边努力建立边界。

当团队成员之间的工作依赖越来越多时，分歧开始显现（还记得关于人格的讨论吗），塔克曼把这个阶段称为**震荡期**。

当团队开始更加富有成效地疏导他们的冲突，并对如何更有效地合作有了更多的理解时，他们就进入了**规范期**。这个阶段的团队成员开始关注团队目标，并制定质量和效率的标准。他们全身心投入到团队的工作中，并以成为团队的一员和所完成的工作为荣。

随着团队的发展，成员开始更顺畅地自主运作，这时他们就处于**成熟期**。在这个阶段，团队成员之间有激烈的辩论，因为他们致力于创造最佳成果、保持高标准并不断提高自己。虽然无法预测未来，但他们相信，他们可以作为一个团队应对任何挑战。

当团队解散时就进入到**解散期**。这种终止可能带来很大的压力，尤其是当它未经计划突然发生时。即使是最好的团队，也会发现这个阶段会让人迷失方向和失去动力。

在实际的工作中，为了响应外部事件，团队可能会在这些阶段之间不停切换。一个处于**成熟期**的团队可能会遇到新的挑战，需要团队成员扩展团队的知识和技能，由此产生的不确定性和冲突可能会把团队拉回到**规范期**，甚至**形成期**（如果必须增加新的团队成员）。

应对挫折

这里有一个我们经常遇到的情况。一个处于**成熟期**的团队在上一次 Sprint 回顾会时决定改进测试自动化技术,这迫使团队成员要学习新的知识和技术。他们被迫离开自己的舒适区,努力学习新技能,同时还要试图在 Sprint 期间完成其他工作。于是,冲突和挫折感就出现了,他们的预期生产率也下降了。

接下来的 Sprint 评审会并不顺利。团队成员不仅没有实现他们所预期的所有工作,而且在自动化测试方面也没有太多进展。在 Sprint 回顾会中,他们认识到两点:没有预料到自动化测试会对团队的工作方式产生多大的影响;也没有预料到完成自动化所需要的努力。团队成员同意在计划下一个 Sprint 时更关注这些变化。

拥有支持型领导和学习型文化的团队很快会从这种倒退中恢复过来,而组织中那些试图将挫折归咎于其他人的团队可能永远无法恢复。㉑

㉑ 要想进一步了解学习型文化,请参见《第五项修炼:学习型组织的艺术与实践》（中信出版集团出版）。

团队的组成需要有多稳定？

"稳定的团队"是指团队成员不会分心做其他团队的事情，并且团队的组成不会随着时间的推移而发生太大的变化。稳定团队的成员可以建立更好的工作关系，因为他们在一起的时间更多，使得成员之间有时间建立彼此的信任。这些团队往往也更熟悉产品和业务领域，因为他们花更多的时间来开发同一个产品。

有些组织发现，很难维持团队的稳定，因为产品不需要经常变，所以他们并不需要一个专门的团队。此外，团队成员可能希望开发不同的产品，学习新的技术和业务领域，与不同的人一起工作。

即使团队成员可以在一个团队中工作，但随着时间的推移，团队也可能需要改变成员的技能，所以可能需要向团队增加或减少成员；或者在多个团队都同样需要稀缺的某项（些）技能时，多个团队可能会共用成员。

弗吉尼亚·萨提亚（Virginia Satir）创建了五阶段变革模型，该模型描述了每个阶段对情感、思维、表现和生理的影响。[22] 如图 2-6 所示，在变革点上，团队会进入**抵抗期**，在这个阶段，团队的绩效会出现下降。

这种变革打乱了人们熟悉的生活和团队的稳定性，一些人早期可能会处于否认、回避甚至是阻塞模式。**混乱期**是指团队成员在寻找方法处理变化并把变化融入个人世界时表现不稳定的时期。当他们找到这个融入的方法时，就会进入**整合期**。在这一时期，随着团队整合这种新的变化，甚至看到了这种变化带来的好处，绩效就会呈上升趋势。最终，团队成员找到了一个**新常态**，在这个新的状态中，他们已经完全吸收了这种变化。

---

[22] https://stevenmsmith.com/ar-satir-change-model/。

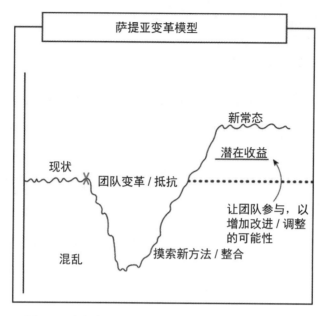

图 2-6　将变革引入团队会导致团队不稳定且绩效下降

当我们实施计划的变革时（比如增加一个团队成员），我们希望新常态要好于旧常态，但无法保证一定能实现这个目标。

那么答案是什么呢？目标是"足够稳定"，让 Scrum 团队找到一种动态稳定性——团队可以从有计划的或计划外的变化中快速恢复。在实施一项有计划的变革时，比如在现有团队中增加或减少团队成员或者在组建新团队时，请团队成员参与决策过程。如果可能，让他们自己拥有这个决定。如果团队成员有发言权，不可避免的业绩下降就可能没有那么严重，持续的时间也更短，最终团队从变革中也能获得更高的绩效。

要经常检视并调整团队的稳定性。观察团队的行为和结果，获取团队成员的意见，思考一下在团队组成方面的变化量是如何导致团队行为和结果无法达到预期的。

一般情况下，建议将工作分配给稳定的团队，而不是为了某项工作而组建团队。优秀的团队可以快速学习新事物，但培养优秀的团队需要时间，而且通常挑战会变大。如果团队掌握了这一魔法，就要在合适的时机使用它。

高产和适应能力强的团队有哪些特征

当 Scrum 团队达到成熟期的水平时，我们期望他们能有高产出率和高适应性，"努力做到最好，这是一个不断向着更高目标前进的旅程。"[23]当他们专注于团队目标而非个人成就时，团队就能创造出更有价值的成果。无论成功还是失败，高产和适应性能力的团队都是以团队为单位整体存在的。

在成熟期，Scrum 团队倾向于关注以下几个方面。

- 提高"完成"的增量的质量和完整性。

- 提高为客户交付的价值。

- 消除阻碍。

- 增强团队的知识和技能。

- 通过 Sprint 回顾会制定可实施的行动项，改善工作方式。

将"完成"的产品增量视为一个共同的目标，如果 Scrum 团队不能交付一个可发布的增量，就说明它没有产生任何价值，也没有表现出业

---

[23] 详见阿金斯（Lyssa Adkins）的《如何构建敏捷项目管理团队》（电子工业出版社出版）。

务敏捷能力。此时，个人在 Sprint 期间完成什么并不重要，毕竟作为一个团队，他们未能交付有价值的成果。

为了防止这种情况的发生，一旦面临挑战，团队成员就要调整他们正在做的事情和做事的方式，以便他们能够取得与目标一致的最有价值的结果。产出率高和适应能力强的团队具有以下特点。

- 作为一个团队有信心能够解决任何问题。

- 考虑短期和长期影响，致力于团队的成功而不是个人的成就。

- 以结果为驱动力，对结果负责，寻求更好的结果。

- 超级透明。

- 做出价值驱动的、基于共识的决策。

- 积极寻找富有成效的冲突。

- 愿意走出自己的舒适区。

- 始终寻求提高他们的效率和生产力。

- 能够灵活应对意想不到的变化。

- 对他们的流程、工具和互动负责——如果某些东西不起作用，团队成员将责无旁贷，再加以改进。

当前或过去工作过的团队是否具备上述特点？成为这些团队中的一员，感觉会如何？

小结

　　强大、有弹性、跨职能、自组织的团队为敏捷的成功提供了重要的基础。共同的价值观和目标将团队紧密团结在一起，并为团队成员提供能共同遵守并用于指导决策的原则。虽然所有团队都有自己的发展节奏，但要想成为高绩效团队并充分发挥 Scrum 的优势，就必须创造一个环境支持自组织、跨职能和有效协作。

　　然而，团队并不是一成不变的。随着团队的组成和目标的变化，他们需要重新审视和调整个人的价值观和目标。当他们这样做时，会强化个人身份认同的某些方面，完善其他方面，进而以新的方式继续发展。

行动号召

和团队一起考虑以下问题。

- 团队目标有多清晰？每个团队成员都能理解和接受这个目标吗？

- Scrum 的价值观是如何指导团队的决策和工作方式的？

- 敏捷宣言的价值观和原则如何体现在日常互动中？

- 可以做哪些事情来帮助团队成员更好地了解自己和同事的人格？

- 自组织的哪些挑战或不足阻碍着团队的发展？

- 团队希望学习哪些知识和技能来提高协作能力？

- 对于目前的产品，开发团队中有多少业务流程、产品价值和用户知识是有意义的？

- 如果要利用动态稳定性带来的好处，需要改变什么？

- 哪些挑战现在最伤脑筋？确定一两个试验来帮助建立更坚实的团队基础。对于每一个试验，一定要确定预期的影响及其度量方法。

第 3 章

交付"完成"的产品增量

Scrum 的核心是"完成"。Scrum 是一个支持业务敏捷的框架，如果没有"完成"的产品增量，业务敏捷将无从谈起：没有"算是完成"或"几乎完成"这样模棱两可或差不多的状态。要达到"完成"的状态，Scrum 团队需要拥抱团队合作、经验主义以及敏捷思维，还需要不断完善团队的流程，这样交付的产品就可以使团队能够以经验主义的方式评估 Sprint 目标。

新的 Scrum 团队度过了形成期之后，通常还会继续挣扎着在每个 Sprint 产生"完成"的产品增量。当我们在讲授专业 Scrum Master（PSM）课程 ① 时，最常见的一个问题是"我理解为什么'完成'很重要，但如果我们今天做不到，怎么才能做到这一点呢？"

随着团队身份认同的逐渐增强，并且建立了更为坚实的基础，团队成员会同步致力于澄清和完善他们的流程。Scrum 框架有意地让 Scrum 团队决定自己的流程。请记住，Scrum 没有"最佳实践"，也

---

① https://www.scrum.org/courses/professional-scrum-master-training。

就是说，最佳实践或工具指的是在当前这一刻适合产品和团队的实践或工具[2]。此外，团队流程必须随着时间的推移而演进，以适应不断变化的需求和新的挑战。

这种动态特性解释了为什么 Scrum 团队必须以团队合作、经验主义和敏捷思维为基础才能交付"完成"的产品增量。更好的协作和更有效的自组织为更高的质量和更快的交付指明了方向。工作流、进度和质量相关的透明度越高，我们就越能够有新的见解并做出更好的调整，从而提高可发布增量的生产速度和效率。很明显，Scrum 的专注和承诺这两个价值观在团队实现"完成"的过程中起到了重要的作用。[3]

在本章中，我们会着重介绍需要加以重点考虑的"优秀实践"。但请记住，关键是要理解实践的目的。它们会使进度和质量更加透明吗？是否有助于产生富有成效的冲突以及对团队决策做出更大承诺？是否建立了边界来提高专注并降低风险？寻找所遇挑战的根本原因，然后选择相应的实践——无论是本章介绍的实践，还是超出本书范围的实践——帮助团队可靠、持续地交付"完成"的产品增量。

尽管开发团队负责产生"完成"的增量，但产品负责人和 Scrum Master 也为团队的成功做出了贡献；角色职责之间存在着内在的张力，而这种张力与协作相辅相成。[4] 因此，本章是为 Scrum 团队中的每个人以及为他们提供支持和帮助的领导者准备的。

---

[2] 译注：没有任何最佳实践可以在任何时候适合任何团队。

[3] 要想进一步了解 Scrum 价值观如何帮助指导 Scrum 团队有效使用 Scrum，请访问 https://guntherverheyen.com/2013/05/03/theres-value-in-the-scrum-values/。

[4] 要想进一步了解 Scrum 角色的职责及其如何协同工作，请访问 https://www.scrum.org/resources/blog/accountabilityquality-agile。

什么是"完成"的定义

"完成"的定义（Definition of "Done"，DoD）描述了开发团队对创建可用、可发布增量所需工作的共同理解。这个定义的是通常在约定、标准和指南中描述——需要满足（或超过）现有的任何组织级定义。

DoD 需要是可达成的，并且适合于产品和团队。当增量满足 DoD 要求时，由产品负责人来决定是否发布。可以在一个 Sprint 中多次发布增量（例如，在持续交付或 DevOps 模式中），也可以在多个 Sprint 之后才发布增量。

DoD 必须确保本次增量的所有工作都与之前的增量进行集成。如果多个团队共同做同一个产品，所有团队的工作整合在一起才能成为"完成"的增量。各个团队的 DoD 可能不同，但必须共享最低限度的质量和完整性基线。当然，创建可发布的产品需要做集成工作。

既然这个概念如此重要，为什么 Scrum 不规定 DoD 中应该有什么呢？简单地说，DoD 非常依赖于环境，因此创建一个通用的 DoD 是不可能的。也就是说，DoD 对从事移动游戏、医疗设备、飞机飞行控制系统和国际银行系统的团队来说非常不同。产品的用途、对业务的影响、安全性以及问题对用户的影响都将影响着对"完成"的定义。

"完成"的定义有哪些好处

有一个可靠的 DoD，并创建一个满足它的增量，有以下好处。

- **流程透明。** "完成"的增量使进度和价值交付变得透明。如果一个团队在 Sprint 中没有交付"完成"的产品增量，这就是一个信号，表明该团队缺乏重要的知识或能力。Scrum 团队要借此机会检查并改进流程、工具以及合作方式。

- **增量透明。** 如果"完成"的定义很明确，Scrum 团队中的任何人或利益相关者都不会对 Sprint 评审会中所展示内容的质量和完整性感到意外。当增量满足 DoD 时，产品负责人就可以向客户发布产品，从而实现该产品的价值（ROI）。这时就可以验证之前我们对价值以及产品的市场接受度方面的假设。

- **现状透明。** 如果"完成"的定义很明确，产品负责人就可以更好地与利益相关者沟通已完成的工作。这样一来，产品负责人就能够对后续产品交付目标的预计达成时间做出更新。

- **目标透明。** 如果一系列 PBI 按照约定的 DoD 完成，那么就可以用这些 PBI 预测未来类似规模和复杂性的工作。

- **Sprint 计划透明**。通过搞清楚"完成"一项工作都需要做什么，开发团队能够更好地了解他们在一个 Sprint 的时间长度内可以交付什么。

如何创建"完成"的定义

虽然开发团队拥有 DoD，但产品负责人可以参与创建 DoD，从而能够更好地了解创建高质量可发布的增量需要做些什么。产品负责人还可以帮助定义产品的质量标准，比如系统需支持的并发用户数或最大可接受事务持续时间。

以下问题能够帮助大家进行 DoD 的协作讨论。

- 我们需要做些什么来帮助产品的维护人员（如写易读的代码以及建立变量命名规范）？

- 我们将如何最大限度地减少技术债务（如重构）？

- 我们如何测试产品（如单元测试、功能测试和回归测试）？

- 哪些测试需要自动化？

- 哪些缺陷必须解决（如严重程度和类型）？

- 我们如何满足性能和可扩展性要求（如事务处理时间和并发用户数量）？

- 可以使用哪些开发标准来指导我们走向技术卓越？

- 如何验证我们是遵守团队开发标准的（如同行评审）？

- 我们如何验证和确保数据质量？

- 我们如何确保自己的产品是安全的？

- 我们如何确保自己的产品符合监管、法律或其他合规标准？

- 我们要做什么才能满足品牌要求？

- 我们要做什么来确保产品可供残疾人使用（如美国残疾人法案无障碍标准）？

- 发布到生产环境还需要准备哪些文档（如在线帮助以及资产管理系统的更新）？

创建和改进 DoD

"现在、下一步、未来"，这个技术能够帮助团队协同创建一个初始版本的 DoD，并随着时间的推移不断改进。它还可以帮助那些 DoD 还不够完善的团队尽快专注于当前最重要的事情，并有意识地采取行动向前推进。

1. 请开发团队进行头脑风暴，只要是有助于产出质量最高、最完整的产品增量的 DoD，都可以提。团队成员要假定自己什么都可以做，没有任何约束。

2. 团队成员协作识别出现在就能做的事情，并把这些事情放入一组嵌套矩形的中心区域，如图 3-1 所示。

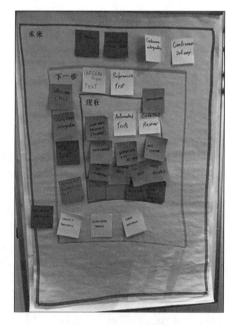

图 3-1　使用"现在、下一步、未来"来帮助开发团队定义 DoD（Simon Reindl 摄）

3. 团队成员确定哪些是下一步要做的改进；他们把这些工作放入标有"下一步"的矩形中。

4. 团队成员确定未来要做的改进，这些改进可能需要花大量的时间或金钱来实施，将这些工作放入标有"未来"的矩形中。

在这个练习结束时，团队就应该有一个更新的 DoD，以及接下来几个 Sprint 中可以处理的经过排序的改进项列表。有些改进项可能需要进行更细粒度的分解，或者重新措辞使其更加清晰，团队可能选择在会后做这些工作。⑤

---

⑤ 要想进一步了解如何使用"现在、下一步、未来"来改进 DoD 及其示例，请访问 https://www.scrum.org/resources/blog/improving-your-definition-done。

运用 Sprint 目标来促进"完成"

Scrum 团队把 Sprint 目标视为执行 Sprint 的共同目的。一旦开始思考 Sprint 是否成功，首先就要问："我们有'完成'的增量吗？"然后再问："我们达成 Sprint 目标了吗？"

好的 Sprint 目标有三个特征：专注、灵活和目标。

- 是否让我们足够**专注**，使我们能够在 Sprint 结束时创建出有价值的、可工作的产品增量？

- 是否足够**灵活**，使我们能够在学到新东西以及发现未预料的复杂性时调整计划（即 Sprint 待办事项列表）？

- 是否提供了**目的感**，使我们能够看到工作的价值和意义？它是否能让利益相关者感到兴奋、或者至少对参加 Sprint 评审会感兴趣？

创建好的 Sprint 目标

创建好的 Sprint 目标并没有什么完美的公式。每个 Sprint 目标都非常依赖于环境，Scrum 团队必须通过试验找出适合他们的目标，并随着环境的变化进行调整（图 3-2）。[6]

---

[6] 要想进一步了解如何创建好的 Sprint 目标，请访问 https://www.agilesocks.com/creating-good-sprint-goals/。

Sprint 目标	背景
将报告的加载时间优化到 2 秒钟以下	研究数据库驱动报告的团队需要通过解决架构问题来解决性能问题
在 Sprint 结束时，我们将使用类生产基础设施来展示网站的登录页面	开发新产品的团队需要验证基础设施型号和部署流程
增加支付选项，以包括更多支付方式	该产品目前只支持一种卡类型的提供商，还需要包括其他卡、PayPal、Amazon Pay 和其他选项。有很多不确定因素，所以，如果可以再提供一个选项，就能达到目标

图 3-2　Sprint 目标示例

以下小窍门有助于改善 Sprint 目标。

- **避免复合型 Sprint 目标。**复合型 Sprint 目标（如"构建 X、Y 和 Z"）会分散 Scrum 团队的注意力，并且限制灵活性。有时，如果团队正在处理多个不相关的举措或者试图在 Sprint 中承担太多工作，就会出现复合型 Sprint 目标。复合型 Sprint 目标几乎没有给随时涌现出来的新工作预留什么空间。

- **不要试图用 Sprint 目标进行微观管理。**不需要在 Sprint 目标中包含每个 PBI。事实上，一个写着"完成所有 PBI"的 Sprint 目标相当于根本没有 Sprint 目标。如果想让自组织的、被赋能的团队变得高效，就必须相信人们会尽力而为。如果 Scrum 团队在 Sprint 结束之前达成了 Sprint 目标，那么团队成员就会主动去想他们还能做些什么。

- **使 Sprint 目标可度量。**Sprint 结束时，整个团队应该对 Sprint 目标是否已经达成取得一致意见。为确保 Sprint 目标清晰，在 Sprint 计划会中，可以问"我们如何知道我们达成了 Sprint 目标？"并考虑是否可能有一个客观的度量标准。

- **确保团队就 Sprint 目标达成共识。** 在 Sprint 计划过程中，使用共识技术来确认每个人都理解了 Sprint 目标，并且愿意对目标的达成做出承诺。

- **创建能够产生业务影响的 Sprint 目标。** 人们希望做有意义的、有影响的工作。为了确保这一点，可以尝试让 Sprint 目标具备以下特征。

  - **以业务或用户为中心。** 当您实现这个特性时，用户将能够做什么？通过这一改进，某个业务领域能够达成什么样的效果？

  - **专注于验证业务假设以及获得反馈。** 很难知道用户真正需要什么或愿意做什么（因为即使用户自己也不知道）。产品负责人需要尽早获得反馈来验证关于价值的假设。

- **让 Sprint 目标专注于降低风险。** 证明新技术或新架构可用是降低风险的重要组成部分。如果了解到某项技术无法满足对性能、安全性或可扩展性的需求，就可以改变方向。越早改变方向，改变的成本就越低。

Sprint 目标使 Scrum 每日站会更有效

Scrum 每日站会的目的是让开发团队检视他们在 Sprint 目标上的进展。为达成 Sprint 目标，他们需要根据新了解到的情况对计划做出调整，并识别影响 Sprint 目标达成的任何阻碍。Scrum 每日站会是开发团队对彼此以及共同责任重新做出承诺的机会。

有效的 Scrum 每日站会具有以下特点。

- **促进自组织和协作。** 开发团队自行引导 Scrum 每日站会并更新 Sprint 待办事项列表。如果每个人都专注于他们对 Sprint 目标的承诺，并且能够看到朝着这个目标所取得的进展，那么就有更多的机会去贡献和协作。

- **集中精力并减少浪费。** Scrum 每日站会应该让人觉得是一个快速的协作计划会议。清晰的 Sprint 目标可以帮助每个人专注于 Scrum 每日站会的目的，并将其时间保持在 15 分钟的时间盒内。

- **提升透明度并对有价值成果的进度达成共识。** Scrum 每日站会不是简单地更新每个人的任务状态。[7] 在会议中专注于实现 Sprint 目标所需的"完成"的增量，可以提醒开发团队他们的目的和承诺。团队成员可以从整个 Sprint 的角度评估进度，如果发现有新的工作危及 Sprint 目标，他们可以讨论并调整计划。如果有问题导致进度变慢，他们就可以及早发现并调整计划。

在 Scrum 每日站会结束时，每个开发团队成员都应该了解 Sprint 目标进展情况、当前实现目标的计划以及实现目标的可能性。此外，团队成员也应该知道要在未来 24 小时内完成什么以及如何共同完成。同样，在 Scrum 每日站会的结尾使用共识技术，有助于确保每个人的声音都被听到，并确保所有人的认知是一致的。

---

[7] Scrum 每日站会不是用来沟通进展状态的，详情可访问 https://www.scrum.org/resources/daily-scrum-not-status-meeting。

在 Sprint 中尽早"完成"PBI

以下是有助于尽早完成 PBI 的技巧。

- **将 DoD 应用于每个 PBI。** 与其等到 Sprint 结束时才查看 DoD 并执行相关活动，不如将 DoD 应用于每一个正在处理的 PBI，在当前 PBI 真正"完成"之前不要做新的工作。这种方法有一个明显的附带好处：它会让您有能力在 Sprint 结束之前发布产品增量。

- **将 PBI 拆分得更小。** 较小的 PBI，复杂性和未知性可能更少，因而工作量也会更少。

- **尝试长度为一天的 Sprint。** 如果 Scrum 团队认为无法将工作分解成更小的增量，或者无法在同一件工作上进行协作，那么尝试长度为一天的 Sprint 可以迫使他们挑战自己的假设。不太可能有团队一直想要这种 Sprint，不过把它作为一种有启发性的团队改进活动，有助于打破限制性信念并鼓励采用创新的方法来实现价值。

  作为起步，可以提出这样的挑战："有没有我们可以在一天之内交付给用户的小块价值？"通过缩短时间盒，使大家更加专注、更有紧迫感，迫使团队成员尝试新事物。他们将更少担心自己的专业知识和专长，而是更多地考虑为团队成果做出贡献。

尝试一天长度的 Sprint 几乎没有风险: 如果一天长度的 Sprint 行不通,就只是损失了一天。但潜在的好处可能是巨大的:不断涌现的洞察力往往非常强大,会为下一个"常规长度"的 Sprint 做出许多可行的承诺。

- **邀请开发团队参与产品待办事项列表梳理**。开发团队需要了解他们即将要构建什么,这样才能够满足业务的需要。这些对话在 Sprint 开始之前就可以进行,我们称之为产品待办事项列表梳理。而且,开发团队成员应该知道如何将 PBI 拆得更小,并且拆分方式要有利于更灵活和更有创造性地交付有价值的成果。这样,在将 PBI 放入 Sprint 之前,就可能识别并解决依赖。

实战案例 11

使用 Scrum 板将进度可视化

Scrum 板是 Sprint 待办事项列表及其进度的可视化表示(图 3-3)。开发团队可以在办公室里放一块物理 Scrum 板,使 Scrum 板可以一直处于团队的视线范围内,而且用起来也很方便。对于远程团队成员来说,有许多数字工具可以满足这一需要(有收费的,也有免费的)。开发团队随时可以在 Scrum 板上更新他们正在做的 PBI 的最新信息。

PBI	待办	进行中	完成

图 3-3　Scrum 板示例

在图 3-3 中，PBI 记录在较大的卡片上，完成 PBI 所需的活动与相应的 PBI 放在同一行。板上的各个列表示当前的状态。要对 Scrum 板的设计格外小心，因为稍有不慎，就会让 Sprint 变成瀑布式或筒仓式的工作方式，比如有人只关注"自己的列"。例如，"测试"列就很容易被认为是开发团队中专门从事测试的人员"拥有"的。

当 Scrum 团队有效使用 Scrum 板时，可能会听到如下几种对话。

- 团队成员讨论在某个 PBI 上如何合作才能使它更快到达"完成"的状态。

- 团队成员询问是否可以帮忙一起做还在进行中的 PBI，而不是开始做新的 PBI。

- 一个团队成员根据自己以往在产品某一领域的工作经验向另一个团队成员提供建议。

- 整个团队讨论基于现有的技能情况，谁想要做哪些 PBI，并讨论大家想要如何提升自己的技能。

- 在无法达成 Sprint 目标时，团队成员表示担忧，并重新协商工作范围，可以从 Sprint 待办事项列表中移除哪些 PBI，可以把哪些工作拆分得更小，从而能够更专注于 Sprint 目标。

- 团队成员确认不会把危及 Sprint 目标的新工作添加到 Sprint 待办事项列表中，而是交给产品负责人。

- 整个团队询问工作是否受到阻碍，并讨论如何改善工作的流动。

- 整个团队讨论 Sprint 回顾会中确定的改进行动项会对团队工作方式产生什么样的影响。

- 整个团队识别到一个新的依赖并讨论如何解决它。

- 整个团队确认将 PBI 移至"完成"时已达到 DoD。

使用 Sprint 燃尽图来跟踪进度

Sprint 燃尽图用于跟踪 PBI 的完成情况，完成的意思是满足 DoD（图 3-4）。注意，此图表与跟踪任务或时间的 Sprint 燃尽图不同，因为它的重点是让 PBI"完成"。这样的图表能够帮助 Scrum 团队在 Sprint 中实现工作可视化。

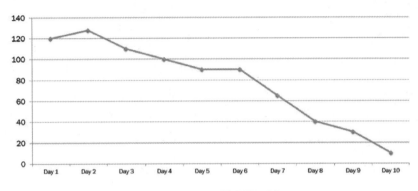

图 3-4 Sprint 燃尽图示例

在 Sprint 回顾会中，Sprint 燃尽图可以用于讨论 PBI 的完成速度、识别潜在的问题和需要改进的地方。燃尽图有助于 Scrum 团队在 Sprint 回顾会上提出能够获得更深入见解的问题。

- 燃尽图有几天是平的，是什么原因导致了 PBI 无法完成？我们做哪些改变可以减少流程中的浪费并使工作流动得更顺畅？

- 新增的工作是在哪里发现的？我们如何应对这些发现？未来我们会采取哪些不同的做法？

- 在线条比较陡的那些天，是什么让我们完成了更多的 PBI？我们从中学到了什么？有哪些可以用在未来的工作中？

团队成员还可以查看以前 Sprint 的燃尽图，了解工作的流动如何随时间的推移而变化。他们所实施的改进是否达到了预期的效果？是否出现了新的挑战？信息的可视化有助于回忆过去的细节并进行适当的调整。

限制在制品

当开发团队将 DoD 应用于每个 PBI 时，它可能还希望对正在进行的 PBI 进行数量上的限制。这种应用精益原则来改进流动的技术，有助于改进协作和学习。例如，开发团队可以为 Scrum 板 "进行中" 这一列的在制品（Work in Progress，WIP）限制设置为 2。当有两个 PBI 在 "进行中" 状态时，有空闲的成员会去帮忙做这两个 PBI，而不是开始新的工作。

对于那些还不知道怎样最大限度应用自己的知识和技能进行协作的开发团队来说，这种方法可能会比较有挑战。可是如果他们不尝试，就不太可能跨越这一挑战。限制 WIP 可以建立一个边界，迫使他们挑战旧有的工作方式、创造性地围绕工作进行自组织，并愿意尝试新的东西。

举个例子，假设在 Scrum 每日站会中，Bob 提出要做新的 PBI，因为正在进行中的 PBI 并不需要任何前端设计和开发工作（Bob 的专长）。开发团队可以告诉 Bob 当前已经达到 WIP 上限，鼓励 Bob 承担有助于 "完成" 某个进行中的 PBI 的工作，例如运行一些测试、更新文档或与某人结对工作。

我们为什么要这么做呢？嗯，简言之是利特尔法则（Little's Law）。[8] 这里不做详细解释，实际上，在任何给定时间内（平均意义上）

---

[8] 要想进一步了解利特尔法则如何应用于 Scrum 团队，可访问 https://www.scrum.org/resources/littles-law-professional-scrum-kanban。

同时做的事情越多，完成每件事（平均）所花的时间就越长。如果手头的工作需要很长时间，人们似乎自然倾向于尽快开始新的 PBI，抛下当前正在进行的工作不管，期待这么一来就能够按时完成既定的工作。结果是，由于这种情况造成了多种形式的浪费，那些后启动的 PBI 最终需要更长的时间才能完成。

为了完成更多的工作，需要集中精力同时做更少的事情。排除减缓工作进展的阻碍，而不是在工作流中引入更多的工作。

度量与分析工作流动

改进团队流程的关键是将流程中实际发生的事情透明化。客观数据可以帮助我们识别潜在的模式（仅凭观察或试图记住工作是如何在流程中流动的，有可能捕捉不到这些模式）。

如下度量指标和技术可以使团队流程中工作的流动变得更加透明。

- **跟踪周期时间（Cycle Time）**。可以为流程定义和度量多个不同的"周期"。为简单起见，我们在这里将周期时间定义为从 PBI 开始到可供发布的持续时间。（有些团队将终点定义为产品的实际发布，特别是当团队把"发布"作为 DoD 的一部分时更是如此。总之，根据团队的实际情况而定。）

- **使用 Sprint 燃尽图或吞吐量图**。跟踪单位时间内完成的 PBI 数目[9]。有些团队可能还会使用基于 PBI 规模（例如，使用故事点表示 PBI 的规模）的燃尽图[10]。这里的关键点是，团队要了

---

[9] 译注：当 PBI 的规模相近时比较有意义。
[10] 译注：这就是最常见的燃尽图，表示剩余工作规模总量随时间变化的曲线。

解 PBI（而不是任务）什么时候算是"完成"[11]。

- **跟踪在制品（WIP）**。在某个时间点跟踪已开始但尚未完成的 PBI 总数。这些 PBI 正在开发中，尚未提供价值。

- **跟踪受阻的 PBI**。当某个 PBI 已经开始，但在流程中的某个地方停了下来无法继续，我们就说该 PBI 处于受阻状态。团队可以跟踪 PBI 处于受阻状态的时间以及受阻的原因。

- **关注趋势！** 获取这些数据的目的是寻找趋势。这些趋势指出了流程改进的机会在哪里。

实战案例 13

使用看板改善流程透明度和工作流动

看板（名词）：一种通过使用可视化、限制在制品的拉动系统的流程，来优化利益相关者价值流动的策略。

流动是指客户价值在整个产品开发系统中的移动。看板通过提高流程的整体效率、有效性和可预测性来优化流动。[12]

看板基于流动的视角以及对透明和可视化的关注，与 Scrum 框架结合，可以帮助团队设计流程，从而优化交付客户价值的方法。Scrum 团队在 Scrum 流程中添加以下四个实践即可实现对流动的优化：

- 工作流可视化

- 限制在制品

---

[11] 译注：这是因为只有"完成"的 PBI 才会影响到燃尽图上坐标点的绘制。

[12] 要想进一步了解 Scrum 和看板的使用，可访问 https://www.scrum.org/resources/kanban-guide-scrum-teams。

- 积极管理正在进行的 PBI

- 检视和调整"工作流"的定义

看板强调提高工作流的透明度,并确定了一个最小的流动度量指标集,用于积极管理正在进行的工作项,并支持面向流动的检视和调整。它利用排队理论(Queuing Theory)和利特尔法则说明了要想完成更多的工作,就需要同时做更少的工作。是的,听起来很疯狂,但却是令人震惊的事实。

最终,看板通过提供更多的实践和度量指标来帮助大家在 Scrum 框架下找到最佳流程,从而从更大程度上支撑经验主义。[13]

---

[13] 要想进一步了解看板和 Scrum,可访问 https://www.scrum.org/resources/blog/understanding-kanban-guide-scrum-teams。

从一开始就要内建质量

质量包括产品的用户体验，包括产品在灵活性、可维护性、效率和响应力方面做出的平衡。Scrum 团队需要尽早、持续地了解产品的质量，以便能够及时做出调整以满足客户的需要。实际上，这一驱动力引导着团队从一开始就采用测试优先的方法来建立团队对质量的关注。

采用测试优先的方法意味着 Scrum 团队在构建解决方案之前就要确定测试方法，从而能够尽早获得反馈，以证明正在构建的解决方案能够按照预期的方式工作。这样，测试覆盖率以及质量都会更高，因为构建的所有内容都会得到验证。大量实践都利用了测试优先的方法，其中一些实践还结合了自动化。

- **测试驱动开发（TDD）**，在写代码之前创建自动化单元测试，以驱动软件设计并强制解耦依赖关系。具体工作如下。

  ◎ 编写描述函数某一方面的"单一"单元测试。

  ◎ 运行测试，此时的测试应该是失败的，因为程序还没有这个函数。

  ◎ 用最简单的方式编写"刚好够用"的代码，使测试通过。

  ◎ 重构，直到代码符合预期的编码标准（如 DoD 所规定）。

重复这个过程，创建一个自动化单元测试集，这个集合随着时间的推移而增长。然后，可以随时运行这组自动化测试来验证产品是否仍在正常工作。[14]

- **行为驱动开发（BDD）**，它建立在 TDD 的一般原则之上，并加入了领域驱动设计（DDD）的思想，以创建自动化测试，验证您希望应用程序具有的特定行为。功能的各个部分是在预期行为的指导下增量构建的。行为驱动开发人员通常使用他们的原生语言和领域驱动设计语言来描述代码的目的和好处。[15]

- **验收测试驱动开发（ATDD）**，这是一种协作式实践，用户和开发团队在构建任何功能之前先定义验收标准[16]。这些测试代表用户的视角，它们描述了系统将如何工作。在某些情况下，团队会将验收测试进行自动化。这种方法把业务功能的验证放在最高优先级上。[17]

自动化和"完成"

在越来越依赖于技术的世界中，企业需要向客户快速交付价值，产品和系统的复杂性高、规模大，质量又非常重要，导致自动化在当今产品开发中的地位越来越重要。对于没有这方面工作经验的团队来说，自动化工作似乎令人望而生畏。自动化确实需要大量的工作，但这是值得的，具体说来有如下好处。

- 减少团队成员的手工劳动。

---

[14] https://www.agilealliance.org/glossary/tdd/。
[15] https://www.agilealliance.org/glossary/bdd/。
[16] 译注：以测试的形式体现。
[17] https://www.agilealliance.org/glossary/atdd/。

- 减少与特定技能集相关的瓶颈。

- 在交付周期的早期发现缺陷。

- 减少人为错误的机会。

- 团队成员可以把技能和精力集中于应对新的挑战和学习新的事物。

总的来说，这些好处有助于以更高的质量更快地交付价值，并让人们更快地学习。如果正在开发新产品，不要把自动化工作留到最后。如果从一个小产品开始，随着产品的增长逐步建立自动化，这样做就比较容易，而且会更早获得收益。如果产品已经很大了，就得一口一口吃掉大象。

有些团队知道他们应该自动化，但总是手头"太忙"，无法朝着这个目标取得任何进展。解决这一困境的办法是在 Sprint 中减少工作量，以便在自动化上投入更多时间，目标是在未来创造更多的容量来完成更多的工作。开发团队应该与产品负责人做出正确的权衡，用减慢当前进度的方式来换取未来更大的进展。

通常按照如下顺序进行自动化：

1. 版本控制

2. 自动构建

3. 自动化测试

4. 自动化打包

5. 自动化部署

自动化活动和质量控制可能是开发团队 DoD 的一部分。可以将测试划分为几个不同的层级，如图 3-5 所示。最终，越多的层级做了自动化，对产品的质量就越有把握。

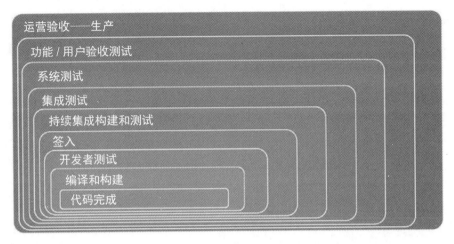

图 3-5　测试层级

　　《敏捷宣言》指出，敏捷团队重视工作的软件高于详尽的文档。这意味着团队需要构建和测试软件。要做很多这样的工作。事实上，应该一直都这样。理想情况下，团队在每次提交对源码库的更改时都需要进行构建。但是构建只是起点，团队还需要在每次进行更改时进行测试。不只是单元测试，还有功能测试、回归测试、性能和可扩展性测试，这些测试都是由 API 驱动的。而且不仅要在简单的环境中，还要在那些与生产环境尽可能相似的环境中测试。这样做的话，团队就会交付更好的代码。[18]

　　技术卓越是开发团队需要成长的一项基本能力，自动化实践是这项工作的一个主要组成部分。持续交付（CD）和 DevOps 运动是有待进一步探索的领域。[19]

---

[18]　https://www.scrum.org/resources/blog/what-devops-teached-me-about-agile。

[19]　《持续交付》（作者 Jez Humble 和 David Farley）是学习更广泛技术主题的最佳资源，主题包括配置管理、持续集成、部署流水线、管理基础设施和环境、测试以及管理数据。

DevOps

关于什么是 DevOps，什么不是 DevOps，人们有很多困惑。许多资料专注于讲解技术实践，其中的一些实践我们已经解释过了，例如，持续集成、自动化测试、持续部署（CD）、基础设施即代码（IaC）。但重要的是，不要忽视 DevOps 的总体目的：DevOps 打破了运维和开发之间的障碍，从而可以变得更加敏捷。[20]

代码评审

在代码评审中，一个（或多个）开发团队成员评审另一个团队成员所做的工作，用这种方式做质量检查。使用这一实践的团队通常用一个检查清单列出在代码评审期间需要特别关注的事项，其中可能包括 DoD。除了能够增强内建质量，代码评审对人们来说也是一个很好的学习机会，不仅可以继续增强他们对系统的了解，同时也可以增长他们作为开发人员的知识和技能。[21]

---

[20] 要想进一步了解敏捷和 DevOps 如何相互补充，请访问 https://www.scrum.org/resources/convergence-scrum-and-devops。

[21] 要想进一步了解为什么代码评审实际上可以节省时间，请访问 https://www.atlassian.com/agile/software-development/code-reviews。

质量度量

度量产品的质量指标有助于提高透明度，这样 Scrum 团队就可以检视和调整产品的构建方式和做出的选择对质量造成的影响。这些指标有些是由自动化工具生成的，有些是通过手动跟踪的。请记住，使用度量，趋势比具体的数据点更具有参考价值。此外，Scrum 团队需要检视多个度量指标，因为一个度量指标可能会受到很多因素（已知和未知的）影响。[22] 注意，这些度量指标是给 Scrum 团队使用的，为了尊重和保持透明度，团队外部的人员不应该使用这些指标来度量团队的绩效，也不应该用这些指标来激励团队。

一些常见的质量度量指标如下。

- **代码覆盖率**指标表示自动化测试覆盖了产品多少代码。这是使用 TDD 的团队常用的数据点。虽然覆盖率高并不能保证代码"写得好"，也无法保证测试得到维护，但这对团队来说是一个有用的度量指标。

- **复杂度**指标有助于开发团队了解代码的可维护性。这种质量因素反映了 Scrum 团队的长期有效性和效率。有很多种复杂度的

---

[22] 译注：检视并综合考虑多个度量指标可以最大限度减少各种因素的干扰

指标，比如圈复杂度、继承深度、类耦合、嵌套和 Halstead 复杂度指标。

- **构建稳定性**指标是产品总体稳定性的超前指标。这些指标表明构建过程是否稳定，还能够暴露与代码质量相关的问题。可以使用上次红色状态（构建失败）以来的天数和红色状态持续天数来度量构建的稳定性。

- **缺陷**指标提供了一个了解产品质量的窗口。Bug 在生产环境中的修复成本很高，而且常常会破坏团队交付新特性和功能的能力。Bug 会对用户产生重大的影响，并且最终会影响企业的品牌、声誉和净利润。

除了度量本身，趋势也很重要。

- 有多少缺陷是在投产后发现的？有多少缺陷是在投产前解决的？随着时间的推移，这个比率是如何变化的？

- 修复一个生产环境的缺陷平均需要多长时间，随着时间的推移，这个指标是如何变化的？

- 缺陷的平均严重程度如何（即成本是多少，或者对业务和客户的影响是什么）？随着时间的推移，这个指标是如何变化的？

- 有多少缺陷会重复出现？随着时间的推移，这个指标是如何变化的？

- 缺陷存在的时间有多长？随着时间的推移，这个指标是如何变化的？

解决技术债务

技术债务是指产品中延迟的工作，通常是由开发团队做出的"用质量换速度"的决定造成的后果。可以认为技术债务就是那些脆弱的或难以更改的代码。需要注意的是，有技术债务并不一定是坏事，只要有一个真正的"偿还"计划。就像金融债务一样，如果回报大于支付的利息，技术债务也可以是一件好事。例如，在为系统投资一个健壮的后端之前，创建一个原型放到市场上做一些测试，就可能是一个明智的决定。技术债务必须是透明的，技术债务对未来价值交付能力的影响也要是透明的。

技术债务的例子如下：

- 缺乏自动化的测试、构建或部署

- 缺乏单元测试

- 代码复杂度高

- 代码耦合度高

- 业务逻辑放错了位置

- 验收测试太少

- 代码或模块有重复

- 命名或算法可读性差

如果一个产品的技术债务累积到很难在每次 Sprint 结束时有一个可发布的、有意义的、有价值的增量，就需要开始尽快偿还。当然，要避免走到这一步，需要尽早开始解决技术债务，而不是更晚。[23]

实战案例 14

更新 DoD 以反映对技术债务的低容忍度

在 DoD 中包含对技术债务的具体期望是有帮助的。比如：要避免产生新的技术债务，开发团队需要做些什么？要解决现有的技术债务，开发团队需要做些什么？

以下是开发团队可能想要在 DoD 中解决的与技术债务有关的问题的例子。

- 哪些应该重构？

- 我们如何在完成一个模块修改的时候，确保它比修改前更好（童子军规则[24]）？

- 当我们在构建增量的过程中遇到技术债务时，会怎么做？在构建过程中，我们要寻找并解决哪些技术债务？

- 我们将如何处理尚未解决的技术债务？

开发团队的 DoD 是工作协议的一种形式，因此必须明确说明如何预防和管理技术债务。这一协议既有助于团队成员相互对高质量标准负责，也使质量对利益相关者更加透明。

---

[23] 要想进一步了解技术债务，请观看诺尼曼（Mark Noneman）在一次 Scrum.org 网络研讨会中的分享"处理技术债务以免技术破产"：https://www.scrum.org/resources/dealing-technical-debt。

[24] 所谓童子军规则，本意是指离开营地时要让营地比使用前更干净。应用于软件工程领域，是指修改完成的代码后应该比之前更整洁。

使技术债务透明化

把技术债务添加到产品待办事项列表中，使其对 Scrum 团队和利益相关者透明。这样做还能让产品负责人更好地为工作事项进行排序。如果这样做，一定要使用业务语言把解决技术债务的价值描述清楚。通过解决这个技术债务，企业会获得什么好处？不解决该技术债务，企业会付出什么代价？不解决此技术债务会对用户有何影响？

以下是一些使用业务语言来描述价值的例子。比如可以考虑增加反映现有质量问题的数据，或者基于特定产品的历史数据，说明解决技术债务问题能够提高多少效率。

- 通过重构，减少代码中路径的数目，使测试时间减少 30%。

- 应用一致的命名和结构规范，使团队成员在构建新特性和修复问题时更有效、更高效。

- 将特性 X 的业务逻辑集中起来，使将来更新业务逻辑变得更加容易，并降低出现 Bug 的可能性。在过去的 4 个月里，有 24 个 Bug 直接影响到了客户，造成利润损失了 10 万美元的后果。

- 重构特性 Y，将系统性能提高 35%，并使事务处理时间缩短 2.5 秒。

- 重构特性 Z（现在已经证明 MVP 对客户来说是可行的），这样我们就能够将解决方案扩展到更广泛的用户群，从而带来更多的收入。

像对待信用卡债务那样对待技术债务

停止产生新的技术债务，开始还债，每个 Sprint 还一点儿。如果技术债务严重到团队很难交付一个对业务具有重大价值的"完成"的增量，那么 Scrum 团队就应该针对这个问题进行讨论，并确定是否是时候剪碎信用卡，并在每个 Sprint 中开始偿还略高于利息的费用。

开发团队可以帮助产品负责人理解技术债务问题的解决有多么关键，并协商在接下来的几个 Sprint 中留出一定的时间处理与技术债务相关的 PBI。产品负责人可以帮助利益相关者理解这些问题的解决会带来什么样的价值。

应继续对这一方法进行检视和调整，以了解所获得的收益，并酌情调整花在解决技术债务上的时间。

使技术债务的"偿还"可见

如果一个产品有大量的技术债务要还，就要考虑为团队创建一个可视化的进度指标。这一点要从 Scrum 团队设定一个初始目标（或者可能是多个目标）开始。然后，团队成员可以创建一个信息雷达，跟踪他们在每个 Sprint 期间偿还技术债务的进度。

图 3-6 展示了使用温度计作为隐喻和进度指示器的示例。也许 Scrum 团队设定了一个目标，即在接下来的几个 Sprint 中解决一定数量的技术债务，温度计可以帮助他们庆祝每个 Sprint 所取得的小成就。另一种方法是显示已知的技术债务总数（技术债务在产品待办事项列表中是透明

的）的燃尽图，并随着时间的推移——随着技术债务得到解决、被发现或可能有意创建出来——来跟踪燃尽图的趋势。

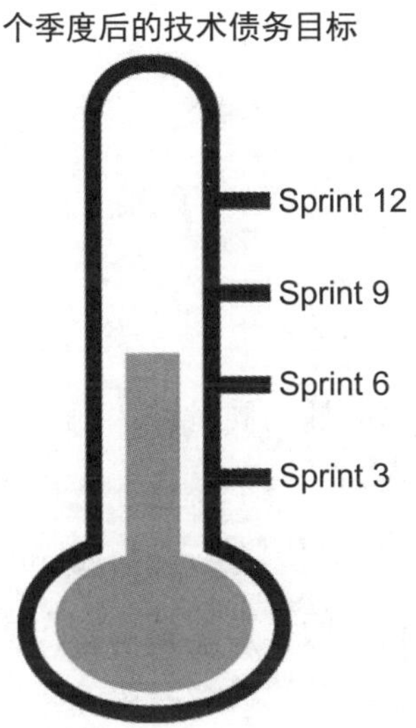

4 个季度后的技术债务目标

图 3-6　可视化技术债务可以提供做事的动力

小结

在控制风险和管理复杂性的同时，达到"完成"对于实现价值至关重要。当 Scrum 团队形成更强大的基础时，自然就能够演进团队流程，从而更有效地交付高质量、高价值的产品。Scrum 中没有"最佳实践"，因此团队必须不断地检查他们正在做什么、为什么要这样做，以及他们正在（或不再）获得什么收益。技术和业务一直在变化，因此团队必须去寻找下一步的发展方向，以及他们需要采取哪些不同的措施来满足新的需要，在竞争中保持领先地位，并取悦客户。

Scrum 框架的最小边界所提供的灵活性，为释放协作团队的创造力提供了许多可能性。他们可以通过始终寻求更好的流程透明度及其对结果的影响，并根据这些见解经常检视和调整团队流程来驾驭各种可能性。团队最起码要考虑他们对"完成"的定义和 Sprint 目标的使用情况、工作是如何在流程中流动的，以及需要哪些质量实践和度量指标。

行动号召

与团队一起考虑以下问题。

- 在每次 Sprint 结束前，都能可靠地完成任务吗？如果不能，那么团队做了什么？如果能，又有哪些机会可以使团队更高效、更高质量、更快乐地做事？

- Scrum 的价值观在团队的流程中是如何体现的？

- "完成"的定义有多健壮？它是如何随着时间的推移而演进的，还有哪些改进的机会？

- Sprint 目标在整个 Sprint 中是如何使用的？

- 您对 Sprint 中工作的流动情况有多了解？在什么地方还需要更多的透明度？

- 产品的质量呈现出什么样的趋势？

- 产品中有多少技术债务？是在增加还是在减少？

- 要更快创建一个质量合格的可发布增量，团队还需要在哪些方面增长知识和技能？

- 哪些挑战现在最伤脑筋？确定一两个试验来帮助改进团队流程，并更有效地达到"完成"状态。对于每个试验，一定要确定预期的影响及其度量方法。

第4章

提高交付的价值

　　"完成"产品的增量并不是旅程的结束,它只是通往"交付更多价值"这一目标的学习旅程的开始。到现在为止,Scrum 团队已经有能力度量他们所交付的价值,并运用经验主义来提高客户能够体验到的价值。

什么是价值

"**价值**"一词多次出现在《Scrum 指南》中。第一次使用这个术语是在 Scrum 的定义中："交付价值尽可能高的产品"。一个有趣的试验是询问人们他们如何定义"价值"。您会发现，如果不使用"价值（value）"或"有价值的（valuable）"这两个词，我们就很难定义价值的含义。价值最终是由客户体验来决定的。

以下问题有助于确定是否正在交付价值。

- 客户满意吗？帮助客户达成客户认为重要的成果了吗？

- 这种满意能够在公司的财务收入上反映出来吗？

- 您的客户是在增加还是在减少？

- 您能以多快的速度将一个新的想法交付给客户并度量其结果？

- 员工幸福感如何？

非营利组织和公益组织并不关心交付成果是否有利润。即便如此，他们仍然关注客户成果，尽管他们可能会使用"公民"或"当事人（client）"之类的名字来代替"客户（customer）"。一些营利性企业也是以使命为导向的，不过使命可以描述为"为一群人实现一系列的成果"。比如下面几个例子：

- 增加当地就业

- 改善社区福利

- 减少对生态或环境的负面影响

著名的管理顾问、教育家和作家德鲁克（Peter Drucker）指出："不能度量，就不能管理。"价值也是如此：仅仅生产和交付"完成"的产品增量是不够的，必须能够度量交付的价值，才有机会做出改进。

更快交付是一个好的开始，但还不够

虽然许多组织采用 Scrum 是为了"更快交付"，不过一旦开始向客户交付并度量结果时，他们就会发现 Scrum 的真正好处是更快获得反馈，从而驱动更快的改进。事实上，如果仅凭更快的交付速度就能解决组织在满足客户需求方面所面临的问题，那么采用传统的方法，发布许多非常小的版本就足够了。

用沃纳梅克（John Wanamaker）的话来说，我们有一半以上的想法是没有价值的，但问题是我们不知道是哪一半。[1] 要提高交付价值的能力，不仅要提高交付价值的速度，还必须度量交付的结果以确定其价值，并且必须利用这些反馈来改进下一次发布中要交付的价值。

研究表明，产品 65% 的功能很少或从未被使用（图 4-1）。[2] 同样，《哈佛商业评论》2017 年刊发的一篇文章也指出："绝大多数（新想法）在试验中都失败了，甚至专家们也会经常误判哪些想法会带来回报。在谷歌和必应，大约只有 10% 到 20% 的试验产生了积极的结果。就微软

---

[1] 译注：沃纳梅克（John Wanamaker，1838—1922）是一位富商，百货公司老板，他有一句名言："我花在广告上的钱有一半都浪费了，但问题是我不知道是哪一半。"

[2] 译注：《产品负责人专业化修炼：利用 Scrum 获得商业竞争优势》（作者 Don McGreal 和 Ralph Jocham, 2019），属于 Scrum.org 的 Professional Scrum 系列丛书。

整个公司而言，三分之一的结果是有效的，三分之一的结果是中性的，三分之一的结果是负面的。"③

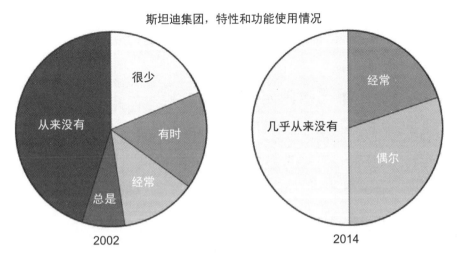

斯坦迪集团，特性和功能使用情况

2002

2014

图 4-1　大多数功能很少或从未被使用

　　如果用收入、利润和直接成本来度量，价值就很容易理解，但并不是所有的价值都可以用货币来度量。市场份额增长率、客群的多样性、客户满意度、员工满意度、员工离职率也是度量价值的重要指标。同样，产品的易用性和推广的难易程度都可以作为重要的度量指标，为产品的改进提供重要的参考。

---

③　https://hbr.org/2017/09/the-surprising-power-of-online-experiments。

产品价值和 Scrum 团队

在 Scrum 中，产品负责人负责将产品交付给客户的成果最大化，从而最大化组织的价值。

对于那些历来把"产出（output）"作为成功度量标准的组织来说，这种对价值和成果（outcome）的关注就是一种变革。"产出"度量的是生产或消费的东西，比如故事点或交付的特性。"产出"很容易度量，但它没那么重要：如果交付的特性不能改善客户的生活或者能力，那么交付多少特性都无关紧要。交付的特性只有在考虑了盈利能力或上市时间时才会有意义，如果没有产生任何价值，那就是纯粹的浪费。

实战案例 16
度量进度和成功

当人们谈论"状态"或"进度"时，请注意倾听推动讨论背后的思维方式。如果讨论的只是关于完成度百分比、所构建的特性数量或者红 / 黄 / 绿状态，就可以问一些强有力的问题，让大家关注产品的价值。

- 我们有没有可能即使达成所有这些度量指标，也算不上成功？

- 我们如何验证我们对用户需要或市场需求所做的假设？

- 关于价值，我们学到了什么？这对我们的产品决策有什么指导意义？

- 自从启动这个举措以来，我们的用户和竞争环境发生了哪些变化？

很多时候，"完成百分比"和类似的讨论都隐藏着一个假设，即"愿望清单"中的一切都重要且都有价值，然而上述研究结果证明并非如此。与其担心一切是否都能完成，不如把讨论的重点放在如何更快地检验对价值的假设，从而减少浪费并增加交付的价值。

Scrum 团队在 Scrum 框架内确定其流程。这个流程包括定义价值、交付价值和度量价值。虽然产品负责人对此负责，但产品负责人很可能也需要其他人的帮助。产品负责人需要客户、用户和开发团队成员等利益相关者的意见。产品负责人还依赖开发团队来实际交付价值，所以非常重要的是，这些团队成员必须对客户所追求的成果有很好的理解，才能更好地进行决策。[4]

产品待办事项列表能够让我们非常透明地看到，产品负责人相信各项工作的相对重要性如何安排，才能让所交付的价值最大化。如果我们能够非常有效地利用产品待办事项列表，它就形成了与 Scrum 团队的其他成员以及利益相关者就"什么是有价值的"这一主题进行对话的基础。

---

[4] 要想进一步了解产品的定义以及如何更好地理解客户觉得有价值的东西，我们推荐 Scrum.org 的 Professional Scrum Product Owner 课程：https://www.scrum.org/courses/professional-scrum-product-ownertraining。如果不能上课，或者即使能去，我们也推荐看一下《产品负责人专业化修炼：利用 Scrum 获得商业竞争优势》（McGreal and Jocham，2019），它也属于 Scrum.org 的 Professional Scrum 系列丛书之一。

运用产品愿景来激发团队的目标感、专注和身份认同

产品愿景解释了产品存在的原因——它是为谁而设计的，以及希望为他们做什么。产品愿景不光在定义和投资产品时很重要，它的价值还在于可以给 Scrum 团队带来目标感和专注力，并帮助他们形成团队身份认同。定期回头去审视这个愿景是非常有用的，它能够提醒团队中的每个人团队存在的意义在哪里。[⑤] 有很多相关的技术可以帮助团队塑造和强化他们的身份认同感。

- **产品价值**。对价值的清晰理解有助于团队理解工作背后的"为什么"，以及如何验证他们的工作是否在贡献价值。以有形的方式（如收入、市场份额和客户满意度等）了解价值，有助于培养目标感。

- **用户画像**。用户画像有助于团队更好地理解用户和客户，从而培养对他们的同理心。这最终会帮助团队成员看到工作的目标，并创造更好的解决方案。有些团队在办公环境周围张贴产品的用户画像，以不断提醒自己正在为谁服务。[⑥]

[⑤] 要想进一步了解如何创建产品愿景，请参阅《产品负责人专业化修炼：利用 Scrum 获得商业竞争优势》（McGreal & Jocham，2019 年出版）。

[⑥] 要想进一步了解用户画像，请访问 http://gamestorming.com/empathy-mapping/ 和 https://www.romanpichler.com/blog/10-tips-agile-personas/。

- **产品路线图**。产品路线图是高层级产品规划的可视化表示，旨在帮助团队看到产品随时间推移的发展方向。路线图越关注业务目标和业务价值，它提供的目标就越靠谱。

实战案例 17

激发产品愿景

在产品生命周期的早期，定义产品愿景是很容易的，但在随后忙于一个个发布的时候，愿景却容易被遗忘。随着时间的推移，产品会发生一些有意或无意的变化。比如，如果产品愿景让人困惑或者不聚焦就会缺乏重点，导致特性蔓延和其他形式的有害的范围扩展。可以考虑使用以下方法来保持对产品愿景的关注。

1. **邀请更广泛的群体参与**。利益相关者和开发团队都可能对正在开发的产品持有非常有价值的观点和想法。通过请其他人参与进来，他们会感觉到自己的声音被倾听了，这很可能会增加他们对产品愿景的承诺和理解。借由产品愿景，我们可以组织大家定期讨论产品应该服务于谁，以及产品应该为他们做些什么。这是一个很好的方法，它可以让我们有意识地而不是偶然地改进产品。

2. **根据新的信息不断演进**。最初的产品愿景只是一个起点，它基于很多假设和猜测，有些假设和猜测是正确的，而有些会在以后证明是错误的。需要根据新的信息不断检视、调整和演进产品愿景。

3. **保持专注**。成功的产品有一个明确的重点，构建产品的团队知道他们在为谁服务以及如何服务。劣质产品试图照顾到每个人的需求，但这也意味着不会使任何一个人觉得它有价值。

4. **不断强化**。用专业 Scrum 培训师麦格瑞尔（Don McGreal）的话说："不厌其烦"。产品负责人应该寻找机会来强化产品愿景，并验证团队的工作是否与产品愿景一致。产品负责人可以将产品愿景的物理呈现（如产品包装盒[⑦]或电梯演讲海报[⑧]）带到 Sprint 评审会或其他与利益相关者和开发团队的讨论中。

[⑦] 要想进一步了解产品包装盒，请访问 https://www.innovationgames.com/product-box/。
[⑧] 要想进一步了解电梯演讲，请访问 https://strategypeak.com/elevator-pitch-ex。

度量价值

Scrum 团队可以用多种方式度量他们所交付的价值，不同类型的价值需要用不同的方式来度量，对整个产品的度量要相对笼统，对 PBI 的度量可能就会相对具体。在实际工作中，可能会在不同的时间使用以下所有种类的度量指标。

客户满意度的通用度量指标

- 净推荐值（NPS）

- 单客户收入或利润

- 客户复购率

- 总拥有成本的降低

- 转化率的提升

- 客户或用户数量的增长

- 客户推荐率

业务目标

- 市场份额

- 总收入或利润

- 获客成本

- 周期缩短、库存减少、成本节约，或市场份额增加

度量客户结果的具体指标

- 节省客户达成目标的时间

- 特性使用频率

- 特性使用时长

- 使用某个特性的客户或用户数量

- 交易完成 / 放弃率

实战案例 18
利用多种度量指标诊断产品问题

前面的清单并不是详尽无遗的，我们只是想用它来说明可以用多种方式来度量价值。大多数情况下，一个度量指标揭示出的问题，可能需要借助其他度量指标来解释。例如，净推荐值或客户推荐率普遍下降，说明客户对产品的满意度下降。当您开始度量用户对产品的实际使用情况时，您可能会发现您所引入的一些新功能使产品更加难用，从而导致前面所说的度量结果不尽人意。

Scrum 团队可以通过多种方式来改进他们的价值度量指标。

- **邀请其他人。** 就像对待产品愿景一样，利益相关者和开发团队可能会提出宝贵的观点和想法。另外，通过邀请其他人参与进来，可以让他们感觉到自己的心声有人在倾听，这很可能有利于他们进一步认同和

理解产品价值。

- **让度量指标可见**。度量指标应该对所有利益相关者和开发团队都是透明的。可以考虑为产品创建一个价值度量指标的仪表板。

- **在 Sprint 评审会中讨论度量指标和结果**。在向参会者展示特性和功能时，要讲出预期的价值以及如何判断是否实现了价值。

- **将度量指标和结果与业务目标关联起来**。这样可以确保价值度量与业务目标对齐，并且能够说明价值是怎么定义出来的。如果业务目标发生变化，就需要检视并可能需要调整价值定义和度量指标。

让 PBI 聚焦于用户成果

理解用户的需要和期望，这是理解"什么有价值"以及"为什么它有价值"的关键。Scrum 团队可以使用多种技术来更好地理解用户，尤其是用户画像 / 成果和用户故事这两种技术，我们经常将这两种技术结合起来帮助 Scrum 团队更好地理解和关注用户。

用户画像和成果

用户画像是一个虚构的角色，它代表可能以类似方式使用产品的用户或客户类型。用户画像通常是通过市场调研数据和客户访谈来创建的。用户画像绘制了一幅人像，并配有年龄段、生活方式、目标、使用产品的原因等信息，这就让虚构的角色变得鲜活起来。使用用户画像有助于Scrum 团队保持专注，因为用户画像可以使团队更加清楚某些特定 PBI 的目标客户是谁。

成果是指与用户画像匹配的人希望达到的某种状态或目标。理解这些目标可以帮助 Scrum 团队清晰表达出用户或客户想要达到的目的，从而帮助团队在工作中更专注。

使用用户画像和成果主要有以下好处。

- 帮助构建产品的人对用户及其需要更有同理心。

- 帮助识别用户痛点并找到创新的解决方案。

- 帮助看到全局的同时还能保持专注。

用户画像和成果能够帮助矫正那些没有明确业务目标和目标受众的特性。用户画像还有助于避免围绕"用户"这一通用词汇进行模糊不清的讨论，因为没有一种产品只面向单一用户群，不同的人会以不同的方式使用同一个产品来获得完全不同的结果。

实战案例 19

使用影响地图获得更好的产品洞见

影响地图是一种可以将 PBI 与预期目标相关联的有效手段。[9] 可以使用定制化的影响地图将（您要实现的）业务目标与（您要服务的）用户画像、（希望帮助他们实现的）成果、达到这个成果后对组织的影响以及（为了实现这些成果而在产品中提供的）PBI 联系起来（图 4-2）。

在图 4-2 的示例中，该组织（一家正在进入共享出行服务市场的公司）希望增加 20% 的新客户数量。为此，它需要吸引多种不同类型的潜在乘客，每种乘客都以不同的用户画像来表示。每个用户画像都有其想要实现的不同成果。该公司认为，通过实现特定的成果，就会对公司产生一定的影响，并且公司认为提供一定的 PBI 会帮助公司实现这一目标。

---

⑨ 要想进一步了解影响地图，请访问 https://www.scrum.org/resources/blog/extening-impact-mapping-gain-betterproduct-insights。

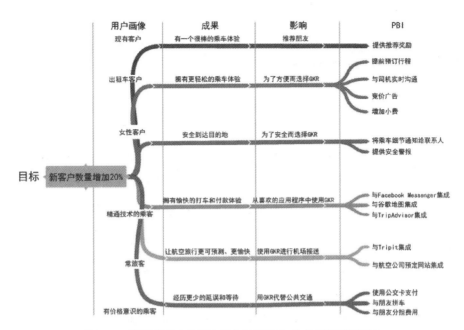

图 4-2　扩展的影响地图有助于将 PBI 与业务目标联系起来

　　可以用不同的方式使用影响地图。在产品待办事项列表梳理时，它能帮助 Scrum 团队思考每个 PBI 将如何提供一些成果。影响地图还可以帮助产品负责人设想产品为谁服务，这些不同类型的用户或利益相关者希望通过使用产品达成什么目标，以及组织将如何从帮助客户实现特定成果中获益。

将 PBI 表达为假设或试验

假设驱动开发 (HDD) 是表达 PBI 的一种方式，它明确说明了用户画像、成果、度量和预期结果。[10]HDD 的原则有助于 Scrum 团队表达假设和试验，并留意如何知道一个假设（Hypothesis）或主观设想（Assumption）是否是真的。HDD 鼓励大家不仅思考要完成什么，还要思考如何度量它。[11]图 4-3 的例子就是表达假设的一种形式。

表达假设

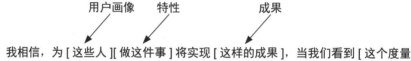

用户画像　　特性　　　　　　成果

我相信，为 [这些人][做这件事] 将实现 [这样的成果]，当我们看到 [这个度量指标] 发生变化时，我们将知道这个假设是真的。

度量

图 4-3　明确地描述假设可以帮助团队发现未陈述的主观设想

用户故事

用户故事应用广泛，同时也被广泛误用。用户故事的初衷是作为一个占位符或凭证，用来提醒我们要谈论某人如何使用产品来达到某种效果。如果我们偏离了这个初衷，只是把用户故事用作记录 PBI 的格式时，

---

[10]　Scrum.org 的 Professional Scrum with User Experience 课程（https://www.scrum.org/courses/professional-scrum-userexperience-training）可以教大家如何根据《精益设计》（Gothelf & Seiden，2018）来融合现代 UX 实践与 Scrum。

[11]　要想进一步了解 Scrum 和 HDD，请访问 https://www.scrum.org/resources/blog/scrum-and-hypothesis-driven-development。

它们就会变得毫无意义，尤其是用于表达技术需求或约束时。为了防止这种情况发生，请关注用户故事的 3C 原则。[⑫]

- 卡片（Card），仅仅用于提醒我们要进行对话。用户故事的格式应该简洁、短小，足以记在一张索引卡（或便利贴）上，比如只是包含一句话"在账单期结束时与玛丽谈谈如何结账"。

- 对话（Conversation），对卡片上提到的话题进行实际的讨论。

- 确认（Confirmation），用于证明其有效的实际的测试。[⑬]

实战案例 21

PBI 的常见误区

无论 PBI 采用何种形式（用户画像和成果、用户故事或其他形式），都要小心下面这些常见的误区。

1. **认为 PBI 必须遵循固定格式。** 用户故事的常用格式并不是用户故事最初使用的格式，也不是必需使用的格式。对 Scrum 团队来说，遵循某种格式可能会有帮助，但他们也不必为了使 PBI 遵循该格式而争吵。写得有意义就好，毕竟"卡片"的作用只是提醒我们要进行一段"对话"。

2. **不太了解受益于 PBI 的用户或客户。** 如果用户故事一直以"作为一个用户"开头，显然不利于在设计特性或功能时帮助大家专注于目标客户并尝试了解客户。如前所述，不必总是使用这种格式，但 Scrum 团队应该对产品的用户和客户有共同的理解。

[⑫] https://www.agilealliance.org/glossary/user-stories/。
[⑬] 如果想将用户故事用作一种有效的产品待办事项列表的梳理技术，建议阅读科恩（Mike Cohn）所著的《敏捷软件开发：用户故事实战》(清华大学出版社出版)。

3. **没有澄清价值。**通常，PBI 会说明所需的特性、功能或能力，但往往没有精确说明为什么需要该 PBI。如果大家对为什么要构建某项功能没有共同的理解，就可能不会讨论问题的替代解决方案，从而错失价值最大化的机会。

4. *将 PBI 视为合同。产品待办事项列表并不只是传统软件需求文档的"敏捷版本"。PBI 对修改是保持开放的。考虑一下用户故事技术本身：它旨在真实反映客户的需要，而不仅仅是记录它们。我们需要为用户故事增加细节，即使是在构建的过程中也是可以的。*

5. **包括实现细节。**PBI 应该关注"做什么"，而不是"如何做"。如果过早决定实现方案，可能会限制您的选择。过早设计细节也可能造成浪费，因为这些细节在真正实现时可能要做修改。

提高 Sprint 交付的价值

当开发团队在 Sprint 期间进行 PBI 开发时，会通过对话和利益相关者反馈等方式了解到新的信息，从而对 PBI 能够带来哪些价值有更深刻的理解。如果团队在 Sprint 期间发布产品，甚至可以从真正的客户或用户那里了解更多的信息。是的，这是可能的！[14]PBI 在实际"完成"之前永远不会被"锁定"或"最终确定"，包括构建什么以及如何构建的细节。如果开发团队成员之间以及开发团队与产品负责人之间都能彼此相互协作，他们就可以不断提出与价值相关的问题，并以此来驱动他们的决策过程。

---

[14] 有关在 Sprint 期间发布的深入探讨，请参考 https://www.scrum.org/resources/blog/myth-3-scrum-releases-are-done-only-end-sprint。

- Scrum 团队选择对某个 PBI 进行拆分，使其可以专注于当前所需用户功能中最有价值的验收标准，价值较低的放到以后和其他所需的功能一起重新排序。

- 如果看到产品实现的新功能，产品负责人就可以指导如何使该功能对目标用户更具吸引力。

- 开发团队看到了提高用户转化率的其他方法，这也是他们正在构建的 PBI 的既定价值。他们将这些选项带给产品负责人，大家一起协商如何对范围进行变更，以更好地满足业务需求，同时仍然保证在 Sprint 中交付"完成"的增量。

基于反馈进行检视和调整

一旦发布了产品或向利益相关者展示了产品，就有了经验数据，可以用来证实（或否定）之前的假设。一个时间点的数据通常不会告诉您太多信息，但一段时间的趋势数据会告诉您在某个维度上是在变好还是变坏。而且，请记住，您可能需要不同的度量指标才能了解真正发生了什么。

例如，您可能有一批非常喜欢你们产品的客户，他们对产品很满意，但没有任何一个满意度度量指标会告诉您有些人不买的原因。如果想扩大市场份额，需要度量的不仅仅是产品的当前价值，还需要了解哪些因素会阻碍产品充分发挥市场潜力。[15]

在分析价值趋势时，请考虑发布了哪些变更，这些变更是何时以及如何对价值产生影响的，以及哪些因素是您无法控制的。例如，即使您已经实现了预期会增加销售额的新功能，但股票市场的大幅下跌也可能会影响用户的购买决策。

---

[15] Scrum.org 开发了一个框架，用于理解如何度量价值以及提高价值交付能力，称为"循证管理"（Evidence-Based Management）。价值的两个维度是现值（Current Value）和未实现价值（Unrealized Value），前者指的是产品为当前客户所交付的价值，后者指的是可以向所有潜在客户交付但现在还没有交付的潜在价值。详情参见 https://www.scrum.org/resources/evidence-based-management。

将学习作为价值

有时候，价值在于学习。这个过程可能是数据驱动的，也可能不是。但是，明确将学习作为价值是有帮助的。例如，Scrum 团队可能想了解两种技术服务中哪一种既容易实现和优化，同时还能满足业务需求；另一个例子是，Scrum 团队可能想了解哪种用户体验最有可能促成购买行为。

有效的 Sprint 评审会要包括对已实现价值的讨论

回想一下，Sprint 评审会的结果是对产品待办事项列表进行调整。除了利益相关者对产品增量和整体市场趋势的反馈外，实际价值的数据和趋势还为您提供了更多的经验数据，用于指导与产品待办事项列表相关的决策。

请让实际价值的度量透明化。了解利益相关者对趋势的看法以及他们认为这些趋势对改进产品有哪些帮助。

收集利益相关者的反馈

如何收集利益相关者的意见取决于许多因素，包括但不限于产品的复杂性、利益相关者数量、利益相关者类型及其需求的多样性以及利益相关者的所在地等。您往往需要特别关注利益相关者，以便从他们那里收集最有价值的信息。虽然他们通常在某些感兴趣的领域相当专业，但您可能需要将他们的注意力引导到您需要向他们获取反馈的事情上。请记住，Sprint 评审会并不是产品负责人从利益相关者那里获取意见并与之协作的惟一机会。如果可以通过以下方式关注利益相关者的参与，将从普通的协作会议（尤其是 Sprint 评审会）中获得更多好处：

- **明确说明想要评审的内容以及希望得到什么样的反馈。** 为反馈会议制定一个简单而明确的议程来帮助所有人集中精力。

- **让反馈会议活跃起来，并鼓励参与。** 人们在主动参与中才会充满活力。相反，被动地坐在那里，听别人喋喋不休地介绍特性、功能和能力，对参与者来说往往是无聊的。以迫使人们走动起来的方式组织会议，会让他们参与更多，这样通常会节省很多时间。另外，如果人们可以身体力行地参与到活动中，他们就更容易感受到自己的意见有人在倾听。

- **使利益相关者能够相互协作。** 利益相关者可以相互学习。并非每个人都有相同的观点，有时这会导致冲突，如果利益相关者能够理解彼此的观点，冲突是可以得到解决的。

- **让协作可见。** 当我们可以在同一个物理空间中看到各种想法并轻松地添加、更新和移动信息时，讨论会更加容易进行。此外，这种方法可以透明展示我们想要完成的工作以及最终我们共同学到的知识。拥有清晰可见的愿景和价值定义也有助于始终能够突出重点。

- **将讨论分成更小的小组。** 对特定话题感兴趣的小组通常比大组讨论更有效。留出时间让他们进行小组讨论，并将结果带回大组。

- **引入相对价值比较技术。** 人们很容易陷入细节，尤其是在讨论哪些 PBI 更有价值的时候。通过价值的相对比较（即 X 比 Y 更有价值，但没有 Z 有价值），我们可以快速获得足够的信息。[16]

---

[16] 要想进一步了解收集相对价值的信息以帮助完成产品待办事项列表排序的具体引导技巧，请参阅 *The Professional Product Owner*（McGreal and Jocham，2018）第 213 页。

小结

Scrum 并不是用来帮助构建和发布更多"东西"的。相反，Scrum 通过频繁地交付产品和度量结果，然后学习和调整，以求从产品中获得更多的价值，从而帮助您最大限度地为客户创造价值，进而为组织创造价值。

在本章中，我们探讨了经验主义、敏捷思维和团队协作如何指导您解决棘手的产品价值问题。必须保持价值的透明度，并且必须对实际实现的价值进行足够频繁的检视，才能一直朝着最佳方向前进。就像"构建可发布的产品"有其固有的复杂性和不可预测性一样，"弄清楚要构建什么"这项工作也充满着复杂性和不可预测性。Scrum 提供了最低程度的经验主义，Scrum 团队需要在 Scrum 框架内确定他们的流程。这个流程包括如何使价值浮现出来、如何度量实际价值以及如何根据新的信息和不断变化的环境进行调整。

产品负责人是优化价值的惟一责任人。经验丰富的产品负责人会请其他人一起参与，并授权和支持他们实现这一目标。优秀的产品负责人会在整个组织中培养产品思维并描绘出更大的蓝图，在开发团队和利益相关者之间就产品的方向和价值的定义进行协调，以求达成一致的理解。产品负责人与开发团队和利益相关者协作，以价值度量过程中所了解到的信息作为指导，以迭代和增量的方式使价值浮现出来。

行动号召

与团队一起考虑以下问题。

- 开发团队和利益相关者对产品愿景的理解程度如何？

- 需要在哪些方面提高预期成果和价值假设的透明度？

- 什么样的价值度量指标可以帮助您对产品待办事项列表的内容和排序做出更明智的决策？这些数据需要多久检视一次？

- 在 Sprint 期间，开发团队如何与产品负责人和相关利益相关者协作？

- Sprint 评审会或与利益相关者的其他协作会议产生了多少反馈和新的见解？

- 利益相关者是否将价值交付作为度量成功的关键指标？需要进行哪些对话才能将他们的关注点转移到正确的方向上？

- 哪些挑战现在最伤脑筋？确定一两个试验来帮助大家改善对价值的理解和度量。对于每个试验，一定要确定预期的影响及其度量方法。

第 5 章

对计划做出改进

在不确定和快速变化的世界中，采用经验性方法交付复杂产品需要经验性计划。这意味着在计划活动中要着眼于以下几个方面。

- 让进展透明可见
- 设定切实可行的期望
- 在价值最大化的同时尽量减少浪费
- 利用变化和新的知识获取竞争优势
- 开诚布公地讨论产品开发中固有的不可预测性和复杂性

业务领导和客户仍然而且应该会问一些诸如"什么时候能好？"和"要花多少钱？"这样的问题。凭借经验来开展工作时，您的回答反映的是可能性和概率，而不是确定性和承诺。您不可能完美地计划复杂的工作，而是必须对变化和新知识保持开放的态度。即使在一个 Sprint 时间期限内，也存在着复杂性、未知性和变化的可能性。

Scrum 团队应该从计划活动中获得四个关键成果。

1. 建立共识，在此基础上，浮现、调整和协作就会自然而然地发生（敏捷思维、经验主义与团队合作）。

2. 建立预期，以后将根据该预期对进展进行度量（经验主义）。

3. 让投资方相信某个举措的投资回报率（ROI）是值得的（敏捷思维）。

4. 帮助价值交付流程中的参与者做出更好的决策（经验主义、敏捷思维）。

计划和预测包含的主题很广泛。在本章中，我们将重点阐述以下与计划有关的概念，并提供更多资源来探索具体策略。

- Scrum 团队如何根据经验来进行计划，并从产品待办事项列表梳理活动中获得最大收益。

- Scrum 团队如何有效计划才能在每个 Sprint 期间创建有足够价值的"完成"的增量，同时把学习和持续改进工作也安排在内。

- Scrum 团队如何在不需要提前计划很多 Sprint 的情况下探讨发布计划。

用产品思维进行计划

产品思维能够帮助 Scrum 团队和组织专注于交付有价值的成果，而不是只关注产出的数量。[①]一旦对产品思维与项目思维进行比较，就更容易理解产品思维。

根据项目管理协会（PMI）的说法，项目是为创造独特的产品、服务或成果而进行的临时性工作。[②]这个定义中的两个关键点是，项目有开始日期和结束日期（它围绕范围和资源建立了边界），并且项目是不可重复的。

Scrum 中的每个 Sprint 可以看作一个项目。Sprint 有开始日期和结束日期，Scrum 团队在这段时间内产生一个独特的可发布增量。或者，您可以将产品待办事项列表的一个子集视为包含多个 Sprint 的一个项目，它通过交付多个增量来实现价值主张或业务目标。我们在这里想说的是，这些概念是相互交织的。然而，一旦开始考虑如何度量成功，挑战就来了。

---

① 有关项目思维和产品思维之间差异，更完整的描述，请参见 https://www.scrum.org/resources/blog/project-mindset-or-product-mindset。

② https://www.pmi.org/about/learn-about-pmi/what-is-project-management。

度量成功

根据我们的经验，传统意义上度量项目是否成功需要回答以下三个问题。

- 项目交付所有范围了吗？

- 项目超出预算了吗？

- 项目按时交付了吗？

这些问题来自于项目管理三角形，也称为"铁三角"或三重约束，如图 5-1 所示。

图 5-1　项目管理铁三角

仅仅使用这些变量来度量成功是有问题的，因为这样做把"有价值的成果"漏掉了。您怎么知道这笔投资值不值得？您怎么知道是否需要改变方向，或者是否可以早点停止投资？而且，即使一个组织确实是根据项目当初的商业论证来度量 ROI 的，然而这个度量的动作通常在项目完成之后才进行，那就太晚，没有意义了。此外，商业论证本身只是基于现有知识的猜测，根据经验主义，这些猜测背后的假设是需要检验的。

采用经验主义进行计划

"计划不过是写下来的猜测而已。"[3] 与其事先做大量的分析和估算来制订长期的详细计划，不如采取经验主义的方法进行计划。经验主义认

---

③　https://m.signalvnoise.com/planning-is-guessing/BOOK。

为，学习来自于实践。做一点儿计划，执行它，然后检视结果，问"我们验证了什么假设？我们学到了什么？"根据新的信息，对计划做相应的调整。这样就可以最大限度降低在不可预测和不断变化的世界中进行复杂工作的风险。

采用经验主义进行计划需要透明。敏捷思维有助于提醒我们，度量进度的惟一标准是可工作的产品。如果没有可工作的产品，完成某些"活动"就不能带来任何价值。一旦涉及"完成"的增量或任何其他复杂工作，就不存在"85%的完成率"这样的说法。这种类型的"状态更新"充其量只是胡乱猜测，甚至这么做有时是为了避免棘手的问题和对话。此外，当组织把注意力放在满足进度计划/或预算时，会使变革和学习变得不那么透明和开放。这实际上是在增加（而不是减少）风险。

敏捷思维也提醒我们要寻求价值的最大化并尽可能减少浪费。思考一下，当您频繁更新长期的详细计划时，会造成多少浪费？在变更控制流程中，将新信息整合到计划中需要很大的工作量，又产生了多少浪费？当人们感受到变更控制流程是沉重的负担而选择"坚持原来的计划并抱着最好的希望"时，可能会失去或延期交付什么样的价值？当团队被迫在最后期限前完成任务时，往往会牺牲质量。最终从长远来看，这会使您付出代价，因为它会损及您交付未来价值的能力。

在 Scrum 团队为产品做计划时，不管是短期计划还是长期计划，立足于经验主义和敏捷思维都将有助于保持对产品思维的关注。这种立足点也会提醒大家，Scrum 团队的历史（即经验数据）越少，并且预测的时间越长，未知性、复杂性和变化的可能性就越大。

实战案例 22

经验主义会采取行动而非做更多计划来减少不确定性

传统的项目管理方法认为，制定更详细的计划可以降低风险，但更多的计划实际上只是通过做出更多的假设来推迟面对风险的时间。这就是许多传统项目失败的原因。例如，为产品描述详细的架构并不能告诉您这个架构是否真的能工作。要想了解某件事情是否有效，最好的方法是构建解决方案的关键子集并进行尝试。

这一点对于想要了解消费者喜欢什么来说更是如此。想要确定客户是否喜欢您的产品，惟一的方法是实际提供一些最小可用的产品，有时称为"最小可行产品"（Minimum Viable Product，MVP）。[④]

不确定性之锥（Cone of Uncertainty）[⑤]是一个项目管理模型，它表达了当一个组织收集更多的信息时，结果的不确定性就减少了。在某个发布的初始阶段，关于构建什么以及如何构建的不确定性可能非常高。此时的计划相当"粗略"，也许只有期望的结果、用于达成这些结果可能的一些特性和功能，以及基于市场条件做出的对期望发布日期的粗略想法。在 Scrum 团队完成几个 Sprint 后，他们会收集信息并细化产品待办事项列表，从而更好地理解需要做多少工作才能达成期望的结果。产品负责人可以信任经验过程，因为他们知道至少每个 Sprint 结束时都会"完成"一些有价值的功能。反过来，新的信息和新的知识将引导产品负责人决定产品是继续前进、调整方向还是停止投资。

---

④ 有关最小可行产品概念的更多信息，请参见 https://www.agilealliance.org/glossary/mvp。

⑤ https://www.construx.com/books/the-cone-of-uncertainty。

对齐

在组织中，只有在价值交付方面能够做到对齐时，计划才有效。对齐是指所有人都朝着同一个方向前进。可以把计划产品交付想象成一层层剥洋葱，如图 5-2 所示。

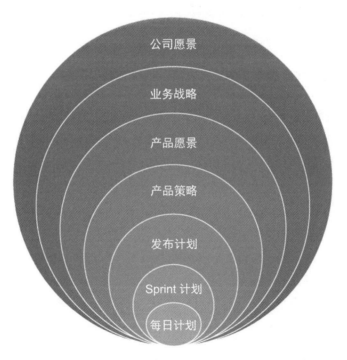

图 5-2　计划产品交付需要在组织中的各个层级上对齐

Scrum 框架直接解决了最里面两个层级（即短期）的计划。每日 Scrum 会议是未来 24 小时内朝着 Sprint 目标前进的计划。Sprint 目标是在 Sprint 计划会中创建的，排好优先级顺序的产品待办事项列表为 Sprint 目标的创建提供了足够多的信息。产品负责人实现产品愿景的策略基本上反映在产品待办事项列表中。最后，为了实现价值最大化，产品愿景和产品策略必须与组织的业务战略保持一致。

图 5-2 中，每一层都代表了与产品相关的不同的计划范围，以及这一层如何与更大的组织层面的方向相匹配。从全局的角度来看，可能需要提出以下问题。

- 应该提前多长时间进行计划，每一层计划的详细程度如何？

- 应该分别以什么样的频率检视和调整每一层的计划？

- 谁应该参与到 Scrum 团队之外的各层计划活动中？

所有这些问题的答案都是"看情况！"

问题的答案取决于产品的复杂性、产品与更大范围组织的关系，以及使用产品的环境。想一想在您的组织中，计划周期是如何帮助我们做经验主义计划的，以及它是如何帮助 Scrum 团队将手头的工作与更大的业务目标对齐的。

对产品待办事项列表进行梳理

　　梳理产品待办事项列表是一种有助于目标对齐的活动。产品待办事项列表是针对未来 Sprint 做的计划，它是一个"活"计划，只要产品存在，就可以随时进行更改和不断演进。因此，Scrum 团队正是通过产品待办事项列表梳理来计划下一个 Sprint 以及未来的 Sprint，这将影响业务领域更高层级的计划。

　　在我们的培训课程中，人们经常会问为什么产品待办事项列表梳理不属于 Scrum 中的事件。因为这个活动高度依赖于所处的环境，它是 Scrum 团队流程的一个方面，由团队自行决定最有效的实践和时机。

　　许多 Scrum 团队都在努力寻找产品待办事项列表梳理的节奏。常见的问题都是围绕多久做一次、花多少时间在这个活动上、要了解多少细节、谁参与以及要使用哪些实践这些方面。同样，这些最好由 Scrum 团队决定，最好通过试验、检视和调整来学习。

最小可行产品待办事项列表梳理

　　产品待办事项列表梳理的目标是做得最少但要足够。产品待办事项（PBI）的属性包括描述、优先级、估算和价值。这组属性反映了高效率团队在开始一项工作之前应该掌握的最小信息量。当然，随着学习到的信息越来越多，所有这些属性都是可以改变的。[6]

---

⑥　ScrumGuides.org。

随着 PBI 越来越接近于被拉入 Sprint 时，Scrum 团队会努力将它们拆分得更小并添加细节。当开发团队对所需的价值有足够的共识并且相信 PBI 的规模小到足以能在 Sprint 中"完成"时，我们称之为"就绪（Ready）"。

实战案例 23

需要正式定义"就绪"吗？

我们看到，有些团队对正式定义"就绪"这一补充实践应用得很好，我们也看到有些团队用得很差。当 Scrum 团队经常遇到依赖问题，或者开发团队成员之间在理解上存在差距时，定义"就绪"可能就很有用。这些问题最好在梳理过程中进行处理，以免 PBI 进入 Sprint 后出现延误的情况。下面是几个例子。

- 文本需要由法律部门审核。

- 需要与品牌/样式指南相一致的最新版本的图形。

- 需要提供并配置硬件或软件。

如果不对"就绪"做出正式的定义，就意味着要将 PBI 视为"锁定"的需求文档，其中所有的细节都要写出来并经过批准。这会形成重视"合同谈判高于客户合作"的氛围。[⑦]

不要建立人为的障碍来阻止工作向开发团队流动，否则开发团队就不能与产品负责人或利益相关者进行协作。即使在 Sprint 期间，也会对 PBI 继续梳理，因为 Scrum 团队会不断学到更多的知识。

---

⑦ 这与在"敏捷软件开发宣言"中的核心价值观之一"客户合作高于合同谈判"相反。

Scrum 团队从产品待办事项列表梳理活动中应该可以获得以下 6 大方面的好处。

1. **提高透明度**。产品待办事项列表是说明"为产品计划了什么"的"惟一可靠的来源"。向其中添加细节可以提高所计划交付的工作及其进度的透明度。

2. **澄清价值**。如果围绕价值来澄清细节，就会使 PBI 要实现的成果变得更加清晰。这有助于开发团队构建正确的功能来满足需求。如果产品负责人和开发团队能够弄清楚什么才是真正需要的，就会更好地进行需求确定、估算以及优先级排序。

3. **把工作拆分为可消耗的规模**。您希望 PBI 足够小，以便开发团队可以在一个 Sprint 中完成多个 PBI。如果一个 Sprint 中有多个 PBI，团队就能够更灵活地实现 Sprint 目标并交付"完成"的增量。[8]

4. **减少依赖**。依赖关系往往会变成阻碍。虽然可能无法完全避免依赖，但还是要尽量减少依赖。至少也得希望依赖关系是透明的。

5. **预测**。一个经过梳理的产品待办事项列表，再加上能够反映 Scrum 团队交付可工作产品能力的历史信息，就可以进行预测了。对某些产品来说，需要预测未来多个 Sprint，以便与利益相关者沟通对发布的期望。而对于其他一些产品，可能就没有必要预测当前 Sprint 以外的内容。大多数产品介于这两个极端之间。

6. **融入学习**。经验主义就是将了解到的知识结合起来，这些知识是在生产产品的过程中、在您对如何实现产品价值有更深理解的时候，以及在看到具体环境发生变化时获得的。[9]

---

[8] 有关如何将用户故事拆分为较小 PBI 的详细信息，请参阅 https://agileforall.com/patterns-for-spliting-user-stories/。

[9] 详情可访问 https://www.scrum.org/resources/blog/art-product-backlog-refinement。

随着经验的积累，您就会总结出需要多少梳理工作才能使计划更容易，同时又能最大限度地减少由于花费太多时间梳理而产生潜在的浪费。

估算

估算的目的是帮助开发团队预测在一个 Sprint 中能够开发哪些 PBI，同时也能够帮助产品负责人管理产品待办事项列表，具体来讲就是，使用估算来确定某个 PBI 的假定价值是否值得投资（即 ROI）。[⑩] 当我们开始思考超出一个 Sprint 的更大范围的预测和计划时，估算也可以帮到我们。

估算实际上只是基于您所掌握的 PBI 的规模、工作量以及复杂度等方面的信息做出的一个"猜测"。因为这只是一个猜测，所以应该假设每一个估算都是错误的；当您做复杂工作时，不应该期望估算能够准确预测未来。当人们期望自己的估算准确无误时（无论是通过直接的激励还是隐性的绩效度量），往往都会导致"数字博弈"，比如估算膨胀（这意味着估算不再透明，也不再起到它本来的作用）或为了满足估算而偷工减料（这意味着增量不再透明，无法交付价值）。

Scrum 没有规定如何进行估算，但它确实声明开发团队要负责所有估算工作，因为他们才是做这项工作的人。这些团队成员负责创建"完成"的增量，他们要对 Sprint 待办事项列表负责，这意味着要由他们来决定将多少工作拉入 Sprint。这是自组织的一个重要方面。

可以用两种不同的方法进行估算：可以估算所需的工作量（用小时或工作日来表示），也可以做相对估算，即基于大家都理解的一个参考点，把一大块工作与其他工作进行比较。经验主义和敏捷思维使团队倾向于相对估算，因为这种方法有助于团队整合复杂性和未知因素，基于

---

⑩ 译注：相同假定价值下，工作量估算越少的 PBI，ROI 越高。

已知工作的经验，并最大限度地减少用于估算的时间（即潜在的浪费）。用什么估算技术并不重要，重要的是如何使用这些技术以及 Scrum 团队从中获得了哪些收益。

实战案例 24

在相对估算技术中结合使用团队合作、经验主义和敏捷思维

我们通过帮助团队选择相对估算技术，并利用团队估算的力量，获得了成功。下面简要介绍五种常用的相对估算技术。

- **故事点**：使用一系列数字（通常是用斐波那契数列：1、2、3、5、8、13 等）来估算 PBI，根据 PBI 的大小和复杂性为其分配点数。

- **T 恤尺寸**：使用 T 恤尺寸来估算 PBI，如 XS、S、M、L 和 XL 等。

- **动物或水果等**：用实物来表示 PBI 的相对大小。例如，西瓜比哈密瓜大，哈密瓜比柚子大，柚子比青柠大，等等。

- **"同样大小"的 PBI**：将 PBI 切片和拆分为基本相同的大小。

- **"合适大小"的 PBI**：本质上，这是将 PBI 分解得足够小，以便在 Sprint 中至少可以交付一个 PBI。

研究表明，群体估算比个体估算更准确。它要求群体有多样性和独立性，并且，在群体内权力是去中心化的。最好的决定来自于富有成效的冲突，这样所有的观点都能被听到，群体也能达成共识。[11]

考虑让整个 Scrum 团队参与估算。所有开发团队成员都可以根据自己的经验、知识和技能提供独特的观点。尽管产品负责人不进行估算，但他

---

[11] 《群体的智慧》（作者 James Surowiecki，中信出版社）。

的参与有助于澄清 PBI 的目的和期望的价值。Scrum Master 有助于确保团队合作良好，不会陷入估算反模式（例如锚定和分析瘫痪）。[12]

分解 PBI，聚焦有价值的成果

团队经常苦恼于将大的特性和功能拆分为能够在一个 Sprint 中"完成"的足够小的、有价值的 PBI。然而我们经常看到人们更多关注的是"足够小"，而忽略了"有价值"。

产品待办事项列表梳理为 Scrum 团队和利益相关者带来了透明度，让他们知道团队为了交付价值计划要构建什么。Scrum 团队需要对预期的结果有共同的理解才能构建正确的东西。与此同时，通过产品待办列表梳理，产品负责人能够获得更大的灵活性，也能够更加清楚如何对产品待办事项列表进行排序，才能优化价值。利益相关者可以更透明地了解 Scrum 团队在 Sprint 层级所做的工作是如何与业务部门希望为产品实现的更大目标联系起来的。

考虑使用可视化协作技术，例如用户故事地图，它让 Scrum 团队和利益相关者既能看到全局，又能看到可能的分解方法，同时又不会忽略用户成果和价值。[13]

无论使用哪种技术，都要确保 Scrum 团队和利益相关者从分解 PBI 中得到前面描述的六个好处。了解为什么要用这样的分解技术并定期检视该技术是否能满足自己的需求。对技术做出调整，使其更有利于工作的顺利进行。

---

[12] 要想进一步了解估算，请参阅《敏捷软件开发实践：估算与计划》（清华大学出版社出版）。

[13] 要想进一步了解用户故事地图，请参阅《用户故事地图》（清华大学出版社出版）。

计划 Sprint

在计划 Sprint 的过程中，Scrum 团队应该回答以下三个问题。

- 哪些工作是当前 Sprint 应该关注的，我们对它们的理解程度如何？

- 一个 Sprint 能"完成"多少工作？

- 需要花多少时间来改进当前 Sprint 的工作方式？[14]

我们已经讨论了第一个问题，接下来将集中讨论另外两个问题。

一个 Sprint 能"完成"多少工作

做 Sprint 计划时，开发团队的成员从产品待办事项列表中选择他们认为可以在当前 Sprint 中完成的 PBI，以此来实现 Sprint 目标。能"完成"多少，取决于他们作为一个团队的工作经验、团队流程的有效性以及他们完成类似工作的能力。

随着 Scrum 团队对身份认同不断增强，对自身构建高质量可发布增量的能力有更明确的认知并不断提高，他们对于在给定时间段内可以构

---

[14] Sprint 计划事件（目的、输入、输出）的基本知识，请参阅 https://www.scrum. org/ resources/what-is-sprint-planning。

建多少产品会形成直觉。Sprint 有助于提供一个节奏或者说韵律，让这种直觉随着时间的推移而增长。

以下常见的挑战会使这种直觉的培养变得很困难。

- 团队组成频繁变化。

- 缺乏协作。

- Sprint 长度频繁变化。

- 团队成员被分到其他团队或被拉走。

- 频繁中断导致上下文切换频繁[15]。

- 在 Sprint 结束时，存在"部分完成"的工作。

为了克服这些挑战，我们要努力变得更稳定、更专注。团队组成可以改变吗？可以，但应该有目的地进行，并且让团队对此有足够的控制权。Sprint 长度可以改变吗？可以，但也应该是有目的进行。可以有中断吗？可以，但应该有充分的理由，并尽量减少负面影响。

现实情况是，Sprint 时间越长，计划就越困难。较长时间的 Sprint 复杂度更高，未知因素更多。如果我们要求计划下个月能够完成的每一件事，那么这个挑战可能会让您感到非常难。但如果我们让您计划下个星期要完成的事情，可能就容易得多。[16]

---

[15] 每次中断后，一个人可能需要 20 多分钟才能回到他或她中断的地方。详情请参考 https://www.washingtonpost.com/news/inspired-life/wp/2015/06/01/interruptions-at-work-can-cost-you-up-to-6-hours-a-day-heres-how-to-avoid-them/

[16] 要学习 Sprint 计划活动引导方法，请观看这个短视频：https://www.scrum.org/resources/effective-sprint-planning。

一个 Sprint 应该多长时间?

肯·施瓦伯说:"Sprint 应该尽可能短到不能再短。"

Scrum 告诉我们,Sprint 必须是一个月或更短。那么,怎么知道多长时间才适合?决定 Sprint 长度的因素有以下两个:

1. 业务需要多快改变方向?

2. 开发团队能多快创建一个"完成"的增量?

第一个问题使企业能够抓住机遇应对市场变化并管理其投资风险。产品负责人还需要考虑在 Sprint 的检视和调整周期内,要以什么样的频率收集并整合反馈信息以及新信息。

我们经常看到 Scrum 团队关注第二个问题。但如果第二个问题的答案限制了业务敏捷性,那么开发团队就应该考虑如何改进必要的流程、工具和能力来满足业务需要。举个例子,如果市场变化非常频繁,以至于永远不会有 4 周的稳定工作,那么长度为 4 周的 Sprint 就不能满足业务需要。

Sprint 一旦开始,长度就不会改变。然而,Scrum 团队可以选择改变 Sprint 的长度来实现持续改进(通常在当前 Sprint 结束时的 Sprint 回顾会中确定),并将该决定应用于未来所有的 Sprint。关键是,要让团队习惯于按节奏工作。

将 Sprint 长度与"组织的心跳"对齐可能是有帮助的。例如,当多个 Scrum 团队同时做同一个产品或产品套件时,通过对齐节奏来协调工作和解决依赖关系就变得尤为重要。

用经验数据预测 Sprint

速率（velocity）是一种补充实践，它表示开发团队平均每个 Sprint 能够将产品待办事项列表中的多少工作变成"完成"的增量。它由开发人员跟踪，供 Scrum 团队使用。随着历史数据的不断收集，Scrum 团队可以了解工作完成的速度，然后就可以使用这些信息来预测未来的工作（即为 Sprint 待办事项列表选择 PBI）。

然而，速率很容易被误用。重要的是要理解速率不是下面几个意思：

- 开发团队的绩效度量

- 对将来要交付什么的承诺

- 一种用于比较 Scrum 团队或开发团队的方法

- 一种用于比较开发团队成员的方法

- 一个开发团队工作"有多努力"的标志

概率预测

概率预测是指将历史过程数据与统计抽样方法（如蒙特卡洛模拟）结合，用于对一个或多个 PBI 何时能够完成进行预测。这种技术在基于流动的流程中很流行，因为流动指标对统计分析特别有帮助。

这样的预测结果是对未来的一种陈述，在某个约定的可信度内以概率的方式进行预测。换句话说，概率预测包括未来可能出现的一系列结果以及该范围发生的可信度。例如，一个团队可以使用历史周期时间数据来预测单个 PBI 将"以 85% 的可信度在 8 天或更少的时间内"流过他们的流程，或者他们可以使用历史吞吐量数据作为蒙特卡洛模拟的输入，以预测"在 10 月 1 日或之前以 95% 的可信度"完成产品待办事项列表中所有工作的可能性。

概率预测的威力在于它在预测未来的时候就考虑了内在的不确定性。只要存在不确定性，就可以采用概率方法。此外，在评估给定计划所伴随的风险时，了解与某些结果相关的概率是有利的。[17]

应该花多少时间改进当前 Sprint

交付更多价值的压力总是存在的。不幸的是，这常常被解释为"交付更多的东西"。而我们经常看到的是，为了交付更多的价值，Scrum 团队需要专注于改善大家的工作方式、改进工具、消除技术债务，并融入新学到的东西。

2017 年，《Scrum 指南》进行了更新，明确指出 Sprint 待办事项列表必须至少包含一项在之前的回顾会中确定的高优先级流程改进工作。[18] 持续改进所花费的时间由 Scrum 团队决定。如果一个团队每个 Sprint 仍然在为创建一个"完成"的增量而苦恼，那么团队成员可能需要花更多的时间来改进实践、工具和互动。当然，这意味着现在少做一些工作，并认可对改进所做的投资能够为未来增加价值流动创造机会。

---

[17] 有关概率预测的详情，请参阅瓦坎蒂（Daniel Vacanti）的《什么时候才能完成》（*When Will It Be Done*）一书，网址为 https://leanpub.com/whenwillitbedone。

[18] 自从 Scrum 诞生以来，这一直是大家的期望，因为没有调整的检视是没有意义的。

要梳理多少才行

产品负责人要确保产品待办事项列表中包含开发团队理解的、"刚好足够"的梳理过的工作，这样才够健康。通过产品待办事项列表的排序和对价值的总体理解，以及价值与业务目标的关系，可以清楚地表明对优先级的期望。开发团队自主决定一个 Sprint 能完成多少 PBI，并且随着时间的推移，他们能够学会找到正确的平衡。他们可以使用经验数据——特别是他们在前几个 Sprint 中完成多少 PBI——来预测他们在未来的 Sprint 中可能完成多少，这种预测还考虑到了在所预测期间菜单和他们的胃口会有多大的变化。

您可能还需要在更高的层次上进行预测。也许需要预测何时可能交付一个 PBI 子集以实现业务目标……然后下一个业务目标……然后下一个。也许需要预测何时可以交付产品待办事项列表中的特定 PBI。

计划发布

计划的目的是方便团队沟通和管理期望。我们还想通过计划来制定用于度量进度的基准。快节奏的当下，人们正在为自己关心的问题寻求更快的解决方案。要想取悦他们是，要么先发制人，要么培养对某个特性的渴望，要么响应异常迅速。总之，就是要能够根据产品情况以及产品所在的市场情况，按需快速发布，这是 Scrum 的核心。这里所说的发布，就是通过发布这种方式，向用户 / 客户实际交付价值。

"发布"一词频繁出现在《Scrum 指南》中，但 Scrum 并没有预先规定发布策略或发布计划。Scrum 告诉我们的是，作为优化价值职责的一部分，决定何时发布"完成"的增量是产品负责人的责任。

有人会问："为什么发布计划不是 Scrum 活动呢？"嗯，在 Sprint 中，发布并不是必须要做的事情。事实上，可以在几个 Sprint 之后进行发布，或者可以在一个 Sprint 中发布多次，甚至 PBI 满足"完成"的定义时就可以发布。奈飞的工程师每天都要发布数千次，因为他们正在运行大量的小试验，其中任何一个变更导致问题的风险都非常低，而且变更回退的风险也非常低。[19] 与此相反，一个为嵌入式医疗设备构建软件的团队发布的频率会非常低，因为如果出现错误，造成伤害的风险会非常高，而

---

[19] 有关现代发布实践的简要介绍，请访问 https://medium.com/data-ops/how-software-teams-accelerated-average-release-frequency-from-three-weeks-to-three-minutesdaaa9cca918。

重新发布或产品召回的成本也非常高。每种产品都有一个反映其风险和变更成本的理想发布频率。

发布的规模应该有多大

团队采用的发布策略取决于产品的类型、产品的使用环境以及 Scrum 团队的能力。而所需的计划层级和计划方式又高度依赖于发布策略。最好把发布计划当作 Scrum 团队经验过程的一部分，由团队来决定何时以何种方式做发布计划，以实现利益最大化并减少浪费。

发布的规模可以有多小

最小的发布应该是针对单个**用户画像**所做的一个**新的**或**改进的**成果。如果不能交付至少这么多价值给客户，那么就算是您付出很多，客户却得不到任何好处。如果交付了不止一个新的或改进的成果，那么您已经阻止了您的客户更早获得其中一个成果的好处。

一次只发布一个成果可能是不现实的，有可能是因为发布流程中有太多的手工操作，或者发布流程太复杂，也有可能是因为缺少足够的测试来确保质量，还有可能是某些关键的发布活动缺少自动化。（译注：这使得一次只发布一个成果的成本太高,而批量发布的成本更易于接受。）无论发布的频率有多高或者增量有多小，消除这些阻碍都将有助于改善产品发布的质量、成本和频率。[20]

---

[20] 有关发布计划策略的更多信息，请参见《产品负责人专业化修炼：利用 Scrum 获得商业竞争优势》(作者 Don McGreal 和 Ralph Jocham,机械工业出版社出版)，Scrum.org 的 Professional Scrum 系列丛书之一。

小结

计划是"活"的工件：计划活动至关重要。努力做有把握的事情——建立共识、变得真正擅长于交付更小的价值，并确保团队总是在做下一件正确的事情。这样，当变化不可避免地发生时，就能更容易调整计划。

对于计划和预测工作来说，产品待办事项列表结合经验数据就够了。真的就这么简单。随着时间的推移，您会通过在工作中学习和观察周围的变化来调整自己的计划。

- 产品待办事项列表是对未来多个 Sprint 的计划。

- Sprint 待办事项列表是对当前 Sprint 的计划。

- 产品待办事项列表梳理是计划活动。

在减少浪费的同时，力求使计划活动的价值最大化。接受计划要持续演进的事实，并在学习的过程中对计划的演进保持警惕。使进度透明，以便设定切合实际的期望，并就产品开发中固有的复杂性和不可预测性进行坦诚的对话。

行动号召

与团队一起思考如下问题。

- 计划活动感到轻松还是沉重？

- 作为团队，在计划和预测方面协作得怎么样？

- 从一个 Sprint 到下一个 Sprint，产品待办事项列表通常会经历多少变化？产品待办事项列表中有多少处于"就绪"状态才算合理？

- Scrum 团队和利益相关者对每个 PBI 所期望的价值的理解程度如何？

- 更频繁的发布会带来什么好处？是什么阻碍了更频繁的发布？

- 组织中的计划周期如何在更大的业务目标和 Scrum 团队所做的工作之间实现基于经验主义的计划和对齐？

- 哪些挑战现在最伤脑筋？确定一两个试验来帮助提高计划的有效性。对于每个试验，一定要确定预期的影响及其度量方法。

第6章

帮助 Scrum 团队
改进和成长

对计划做出改进很重要，但这只是 Scrum 团队改进合作方式以实现价值的一个小方面。这些改进的必要性通常会在 Sprint 回顾会中揭示出来，但也可以通过 Sprint 评审会中获得的反馈以及 Sprint 过程中出现的阻碍来揭示。

谁来帮助 Scrum 团队进行改进？当然是 Scrum Master，但也不能光靠 Scrum Master。在很多情况下，团队成员彼此之间可以相互帮助来改进；理想情况下，组织的其他成员也会帮助团队改进。组织中的领导者可以在帮助团队方面发挥重要作用。但归根结底，Scrum 团队自己要负责自我改进并在需要时寻求帮助。

通过 Sprint 回顾会发现改进点

当 Scrum 团队未能交付"完成"的产品增量时，Sprint 回顾会的重点应该是团队如何在下一个 Sprint 中能有"完成"的增量。一个能够有效进行自组织的团队应该能够退后一步，了解是什么事情导致他们无法"完成"。但团队没有这样做的事实本身就表明，他们可能并不是一个高效的团队，至少目前还不是。

同样，如果客户或其他利益相关者对所交付的价值不满意（当然，这里假设 Scrum 团队已经交付了"完成"的产品增量），这也将是 Sprint 回顾会的重点。产品负责人如何有效地与开发团队合作，共同理解价值？ Scrum 团队如何与利益相关者有效合作，更好地理解和交付价值？

Scrum Master 在 Scrum 团队诊断问题和其他阻碍的有效性方面起着关键作用。团队可能需要他人的帮助才能突破自我设定的边界。我们见过很多团队，他们对被允许做哪些事情做了很多约束性和限制性的假设，从而影响了他们的交付能力。Scrum Master 需要向团队阐明什么是可以挑战的范围，什么是不能变的，以及应该持续坚定地反对什么。

实战案例 28

运用力场分析来理解变革的动机

发现团队变革动机的一种方法是和团队一起做一个简单的力场分析。这个过程将勾勒出影响变革的因素，[①] 在列出影响拟议变革的因素后，根据对变革的影响程度对各因素进行加权。图 6-1 描述了影响"完成"的主要因素。

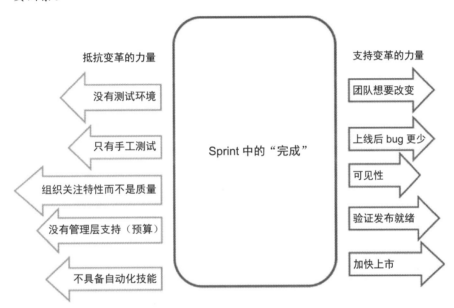

图 6-1 "完成"的力场分析

使工作流程可见，并使任何影响 Scrum 团队前进的阻碍透明化，是一个良好的开端。这可能要从特性被请求的那一刻开始，并贯穿整个实现过程，直至生产环境，都要透明化出来。只有固守现状的成本超过做出变革的成本时，团队和组织才会愿意接受变革。力场分析可以帮助您，作为一个团队，讨论变革工作是否值得付出代价。

---

① 有关力场分析的更多信息，请访问 www.mindtools.com。

根据我们的经验，最让 Scrum 团队感到头疼的是回顾会。很少有人愿意进行自我反省并积极寻找需要改进的地方。人们更容易把注意力集中在如何让产品更强大（"我们应该增强这个特性，以支持其他业务领域"），或者抱怨其他团队（"与他们合作总是那么难"）。不过，这些都不是真正的自我反思，真正的自我反思意味着承认弱点、直面局限并从他人的视角看待问题。在这个过程中，大多数人都会觉得不舒服。

实战案例 29

Sprint 回顾会的引导技巧（也适用于其他需要协作的会议）

当需要每个人都参与会议讨论时，引导是一项重要的技能，可以为每个人的想法和观点创造空间，让大家的想法和观点都能够得到倾听，让不同经验、不同知识领域的人释放创造力。引导的目标是创造富有成效的冲突，让每个人都参与到积极的、具有创造性的协作中，同时达成基于共识的决定和明确的结果。[2, 3]

下面是改善 Sprint 回顾会的一些技巧，这些技巧也可以应用到其他任何需要协作的会议中。

- **使用沉默**。有些人在发言前要花一些时间思考，有些人在激烈的谈话中不愿打断别人，沉默这一引导技术通常就为具有这些人格偏好的人创造了空间。当大家带有强烈的情绪而您想降低冲突的程度时，或者反过来，即存在虚假的和谐而您需要制造一些冲突时，使用沉默可能也会有所帮助。

---

[2] 引导是一个体系完备的职业，我们鼓励您去探索更多可用的资源。关于如何设计和引导有效的回顾会，请参见《敏捷回顾：团队从优秀到卓越之道》（作者 Esther Derby 和 Diana Larsen，电子工业出版社出版）。

[3] 编注：另外，也推荐《回顾活动引导：24 个反模式与重构解决方案》（清华大学出版社出版）。

- **采用不同的小组搭配方案**。小组讨论会带来许多挑战，尤其是当小组的规模扩大时。比如有一两个人可能在主导谈话，听他们讲话的人可能会冒出一些问题和新的想法，但他们要等一个说话的机会。等轮到他们说话的时候，他们要发表的意见已经和当前讨论的议题不相关了，甚至有的人已经忘记自己要说什么了。此外，有些人更喜欢一对一或者在较小的群体中讲话。

- **让人们走动起来并采取行动**。这会立即让所有人参与进来，人们也不太可能分心或感到无聊。例如，如果人们交换搭档或小组，他们的身体就会动起来。另一个例子是，让人们用活动挂图展示他们的对话和结果。

- **振作起来**。我们的意思是稍微刺激一下人们的大脑，挑战他们以不同的方式思考并创造一些新的观点。改变引导的形式和技巧有助于防止人们在讨论时草草了事或失去兴趣。

- **提出议程，但也要灵活**。一般来说，首先要评审透明的信息以产生新的洞见，然后决定采取哪些改进措施。制订一个计划来完成所有这些事情，包括预期要花费的时间。但要保持灵活性，在保持活动目的和时间盒的同时，响应团队的需求。

识别和移除阻碍

Scrum 团队要想让 Sprint 回顾会富有成效，团队成员就必须能够识别出工作中这样的阻碍（最好在 Sprint 的进行中随时识别）：这些阻碍会导致团队无法创建满足 Sprint 目标的可发布增量。**阻碍**是指阻塞或减缓 Scrum 团队交付有价值的可发布产品的能力的任何事情。开发团队和产品负责人可以并且应该自行解决一些阻碍（例如，Scrum 团队成员如何完成自己的本职工作），或许也可以在 Scrum Master 的教练和引导支持下解决。团队成员无法自行解决的阻碍由 Scrum Master 来处理。

把团队及其所处的工作环境作为一个系统来思考，将能够识别出什么阻碍或约束了团队的交付。对 Scrum 团队减少控制并停止催促，有时反而可以获得更高的效率。

Scrum 团队应在不影响质量和客户满意度的情况下，使 PBI 以尽可能快的速度完成端到端的流动，从而最大限度地提高流动性。消除浪费能够最大限度地提高流动性，所谓"浪费"，是指任何不能为客户增加价值的工作。为了最大限度地提高流动性，不仅要关注阻碍因素，还应该关注那些让团队放慢速度、妨碍团队实现最大价值的因素；不要等到阻碍变成完全的障碍。

团队可以把流程中可能拖慢团队的东西变得更加透明，从中识别出阻碍并找到最佳解决方案，从而做出改进。Scrum 板是一种可视化工作进度的常用实践。将工作可视化，有助于开发团队看到工作何时受阻或进展缓慢，除了使用 Scrum 板之外，还可以用其他手段以视觉方式呈现细节。

使用"浪费之蛇"提供透明度

图 6-2 以可视化的方式列出了团队工作中的浪费。可以创建一个蛇形便签链，每张便签上都写上团队成员认为是浪费时间而又不得不做的事情。通过讨论浪费的来源以及在每张便签上记录的信息（例如姓名的首字母缩写、浪费的简短陈述、浪费的类别以及在该活动上耗费的时间等），让团队对浪费有个基本的概念。这个练习为团队成员提供了一个简单的方法，让他们在 Sprint 中边工作边记录浪费的情况。可以在 Sprint 回顾会中用它来更全面地分析浪费的趋势和消耗的成本，然后讨论可以采取哪些措施来减少浪费的活动。

常见的浪费活动如下。

- 手工回归测试。

- 环境在需要时不可用，包括崩溃和重启。

- 开始做某个 PBI 时，发现它依赖于另一个团队，并且在当前 Sprint 期间无法解决。

- 填写申请表，请求其他团队执行某些活动（比如访问日志、更改网络设置或重新启动系统），但对方响应延迟。

- 填写针对许多不相关或不清楚的问题的安全评审表，这需要花费大量时间，并且往往需要额外的后续行动来进行澄清。

- 团队成员经常被打断，不得不花时间重新回到之前的工作中。

- 系统的某些方面缺乏文档记录，导致团队成员每次做该领域的工作时，都不得不询问其他团队成员或者自行研究。

- 在 Sprint 计划会中，对所有 PBI 的工作内容进行了太多的详细说明，随着工作的展开，Sprint 待办事项列表中的许多任务不得不返工。

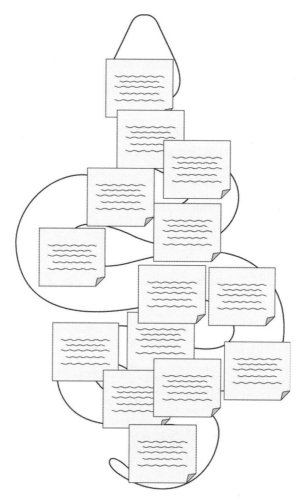

图 6-2   "浪费之蛇"以可视化的方式呈现出团队的浪费活动

跟踪阻碍并量化影响

团队在进行复杂工作时，会遇到很多阻碍，并不是在 Sprint 中识别到的所有阻碍都能够立即得到解决。将这些数据可视化出来并找出趋势，指出哪些阻碍是在 Scrum 团队的控制范围内、哪些是在 Scrum 团队的影响范围内以及哪些是在 Scrum 团队之外（图 6-3）。

ID	阻碍	影响	识别时间	频率	行动	负责人
1	没有与生产环境配置相同的测试或准生产环境	影响客户的部署问题（最重要的 3 月份的发布）	Sprint 3	每次发布	产品负责人去把用于改善环境的资金搞定，并将这项工作添加到产品待办事项列表中。开发团队将直接与基础设施团队合作设计解决方案。	产品负责人
2	开发团队不能访问数据库	Sprint 中的故障排除会被延迟，通常会延迟 2 小时到 1 天的时间。	Sprint 3	平均每个 Sprint 3 次	要求在现有政策基础上开出例外条件。Scrum Master 与 IT 管理人员共同制订例外流程的细节。	Scrum Master
3	开发团队需要经常参加会议，讨论未来项目的集成	工作中断 / 上下文切换，占用了用于完成当前 Sprint 目标的时间	Sprint 4	Sprint 3 – 10 小时 Sprint 4 – 14 小时	待定 - 我们如何在支持组织中其他团队的同时，还能够对手里的交付工作保持合适的专注度。	待定

图 6-3 "阻碍"图示例

以下这些有用的问题可以帮助您对可能的影响有更好的了解。

- 我们花了多少时间来处理某个阻碍？

- 这种阻碍多久发生一次？

- 阻碍所造成的影响是如何影响质量的？生产环境中发现的缺陷数量是在增加还是减少？修复生产环境中的缺陷与修复开发环境中的缺陷，成本分别是多少？

- 阻碍是如何影响士气的？人们是不是因为对阻碍不满意才离开的？雇佣新员工的成本是多少？

实战案例 31

随时间推移跟踪中断

将中断（interruption）作为一类明确的阻碍进行跟踪，有助于对专注度缺失所造成的影响进行量化。团队是否真正在干活并不重要，仅仅是中断就会让团队成员失去本来可以用于干活的时间，因为他们需要花时间重新集中注意力。

可以用一个非常简单的方法来跟踪这些数据。在团队的房间里绘制时间线，并为 Sprint 的每一天留出空间。每当团队成员被与当前 Sprint 目标不一致的计划外工作打断时，他或她就可以在便签上写下其内容并将其放置在时间线上。如果便签上包括请求的来源（例如，另一个团队、经理、用户或生产问题）以及处理中断所花费的时间，那就会非常有帮助。可以在 Sprint 回顾会中评审这些信息，以帮助 Scrum 团队检视其影响，并指导制定切实可行的改进方案。

中断的例子包括以下事件。

- 缺陷、故障和生产支持问题

- 团队主管分配的额外工作

- 要求与团队主题专家交流

- 路过的利益相关者想要与开发人员讨论新的想法

- 要求估算未来可能要做的工作

- 被赶出会议室，不得不搬到其他地方去完成一个协作会议

并非所有的中断都不好，但增加对中断及其影响的透明度有助于 Scrum 团队确定如何使必要的中断更有价值和更有效（例如，为特定类型的活动安排特定的时间），以及如何消除或减少不必要的中断。

解决阻碍

一旦阻碍的情况透明了，就可以为解决这些阻碍投入时间和金钱。当然，需要考虑清楚如何着手。下面这些问题有助于决定着力点。

1. 我们需要达成什么目标？我们预期的结果是什么？

2. 如果我们现在不解决这个阻碍，会怎样？

3. 如果我们可以做任何我们想做的事情来处理这个阻碍，那么我们会做什么？哪些约束限制了我们的选择？它们是真正的约束，还是我们在做假设？

4. 如果组织的政策或标准阻碍了我们，我们能不能改变它、暂停它或者用变通的方式解决它？

5. 我们如何知道我们是否正在改善（与我们的预期结果有关的）局势？

6. 我们需要哪些人的知识、帮助或影响力？

实战案例 32

与利益相关者合作消除阻碍

不要害怕在 Sprint 评审会中讨论一些阻碍。虽然很多事情最好在 Sprint
回顾会中由 Scrum 团队自行解决,但是对于组织级阻碍或者需要对
Scrum 团队进行投资的阻碍,在 Sprint 评审会上提出可能是有意义的,
因为 Sprint 评审会有众多利益相关者出席,他们可能具有必要的影响力
(或资金)来协助解决这些阻碍。

Scrum Master 负责移除团队无法自行解决的阻碍。但 Scrum Master 不要
以为他们必须得自己解决这些阻碍。通常情况下,组织中的经理或其他
角色(如项目经理)非常了解组织的运作方式及其历史,Scrum Master
应该寻求与这些能够提供更多知识、见解和影响力的人合作,以解决组
织级的阻碍。有时候,Scrum Master 只需要找个人来提供"掩护"。

实战案例 33

不要专注于速率

许多组织寻求敏捷性是为了提高速度（speed），这导致他们把注意力放在提高速率（velocity）上。速率是经验证据，是历史事实，它只对 Scrum 团队有用。通常情况下，当经理想知道如何"提高速率"时，他其实是在问"我们如何才能更频繁地交付更大的价值？"根据我们的经验，最好的做法是专注于消除阻碍和浪费。专注于速率会导致团队因急于快速交付而偷工减料并降低质量。相比之下，专注于消除阻碍和浪费实际上可以提高质量，而且能够留出更多的时间一次性把事情做对，同时加快交付速度。

在没有上下文的情况下，速率的提升或下降是没有意义的。开发团队只要在估算时把对工作方式的改进也考虑进去，就可以在不改变其速率的情况下，更频繁、更高质量地交付更大的价值。

相反，我们应该专注于移除阻碍 Scrum 团队工作的东西，让 Scrum 团队拥有其"交付指标"并使利益相关者关注"价值指标"。[④]

[④] https://www.scrum.org/resources/blog/why-focus-velocity-inhibits-agility。

个人和团队的能力提升

Scrum 本身并不能解决问题，取而代之的是，人们必须解决 Scrum 框架所暴露出来的问题，通过敏捷思维和团队合作来创建高价值的解决方案。为此，需要给他们空间和支持，以提高他们的能力。Scrum 团队的每个成员都必须打磨自己的"技艺"。

所谓"技艺"，并不仅仅指工程或软件开发技能。产品负责人需要发展广泛的产品管理技能，而开发团队需要发展一系列与"创造可发布的价值增量"相关的技能。每个人都需要不断检视和调整自己的知识、技能和能力，同时审视 Scrum 团队需要成长的地方，以应对新的挑战和业务需要。

留出时间来持续学习和成长

产品开发是非常复杂且不断发展的，新的技术以及对客户问题的新见解可以创造新的机会。Scrum 团队不仅会根据新信息检视和调整其产品，他们还会根据个人经验和对未来挑战的展望来检视和调整个人技能。学习和发展是自组织的一个方面，最好让个人和团队为自己的成长负责，但是在此过程中，要给予支持和指导。

持续学习可以有多种形式，比如花时间自学、使用在线论坛、参加网络研讨会和聚会、参加会议或在会议上发言、阅读书籍、文章和案例研究等。它可能包括在线培训或深入的课堂体验，可能还包括获取证书（用于证明学过此课程）；它还可能包括请教练或导师进行正式或非正式的指导；也可能是人们在工作中进行协作、相互学习并获得实时的输入和反馈。

实战案例 34

编程之外的结对

您可能听说过结对编程，即两个开发团队成员在同一个编程活动中进行协作，他们在同一台计算机上工作。一个人充当"驾驶员"，负责写代码；另一个人充当"观察员"，负责对写的每一行代码进行评审，两个人经常交换角色。在整个过程中，他们相互协助，讨论设计决策，提供即时的代码评审反馈。

可以扩展这种结对的概念，为团队创造更多的机会和收益。例如一个编程技能较强的人和另一个测试技能（或数据库技能，或其他一些技能）较强的人，也可以尝试结对工作。另外，开发团队的两个成员也可以结对进行测试活动（如设计测试、编写测试、执行测试等）。

结对有助于提供两种视角，从具有不同技能和经验的人那里带来不同的观点，从而增强团队的整体知识和技能。定性的证据表明，结对可以让设计变得更好、错误更少、学习的东西更多、问题解决的速度更快以及责任感更强。[5]

---

[5]　专业 Scrum 培训师纳拉亚拉司瓦米（Pradeepa Narayanaswamy）在一次会议演讲中阐明了结对测试作为一种提升技能的好处：https://www.youtube.com/watch?v=DJBKWUUjw01ww。

尊重他人，让每个有需要的人参加培训

我们经常会遇到这样的情况：组织派 Scrum Master 去参加专业 Scrum 培训，但没有派 Scrum 团队的其他人。该组织希望 Scrum Master 能够在参加完课程后给 Scrum 团队做一次小型的敏捷培训。

这种情况可能会产生一些负面影响。首先，Scrum 团队成员可能会觉得组织并不尊重自己，或自己所做的工作并不值得花钱投资去学习。其次，Scrum 团队成员在开始他们的 Sprint 时，由于没有从专业的培训师那里获得完整的经验，往往对 Scrum 的框架和意图都缺乏深刻的理解，这往往会导致团队无法取得成功。

充分利用组织的知识和经验

不管是 Scrum、引导、Java、数据分析、用户体验还是其他任何领域，在组织内都有大量的知识和经验等着我们去挖掘。通常情况下，人们渴望分享和支持他人。教授和指导他人也有助于人们打磨自己的技艺，并激发更强的使命感。

实践社区使分享和改进成为可能

实践社区 (CoP) 是指有共同兴趣的一群人。他们彼此分享经验并有共同的改进愿望。CoP 除了支持参与者的成长，还可以逐渐帮助揭示组织的阻碍并对组织做出指导。

CoP 应该是什么样以及事件和活动应该如何引导，这些方面都是很开放的。它的活动可能包括社区演讲、邀请社区外的人来做演讲、精益咖啡、问题解决会议、工作坊和社交活动。

就结构而言，CoP 的形成可能基于多种因素：角色（如 Scrum Master）、学科（如产品管理、测试）、技能（如 Java、架构）或者其他任何您想要的因素。如果有重叠也没关系，人们可能想加入多个 CoP。

以下是创建有效 CoP 的一些技巧。

- 管理层需要支持社区的发展，提供会议空间（物理的、虚拟的或两者兼有），提供时间让人们参与社区活动并为社区做出贡献，并提供资金支持社区活动。

- 让人们自愿加入社区，强制加入通常会削弱 CoP 的收益。

- 让人们自组织。应该由 CoP 成员来定义社区如何运作、如何发展以及由谁来负责 CoP 的活动。

- 选择一个合适的活动地点，这个地点要能促进想要的协作。线下聚会很有帮助，但如果无法进行线下聚会，也要提供虚拟会议的方式。[6]

---

[6]　如果想要了解他们是如何启动 CoP、为 CoP 筹集资金以及获得更多参与等方面的经验，请访问观看这段由专业 Scrum 培训师马丁和克罗克特（Stacy Martin 和 Ty Crockett）制作的短片，https://www.scrum.org/resources/overview-communities-practice。

做一个负责任的 Scrum Master

Scrum Master 负责确保 Scrum 被正确理解和实施，从而帮助 Scrum 团队和组织充分获得 Scrum 的好处。这句话通常被解读为只是确保 Scrum 团队遵循 Scrum 框架的 "规则"，并消除可能阻碍 Scrum 团队遵循该框架的组织障碍。虽然事实如此，但 Scrum Master 的作用远不止于此。

《Scrum 指南》将 Scrum Master 描述为服务型领导。在这种领导风格下，Scrum Master 的成功是由他人的成长和成功来衡量的。这就需要 Scrum Master 有能力去影响个人和团队，让他们对自己的行为和结果承担更大的责任，从而激发人们追求更高的成就。

虽然 Scrum Master 确实在 Scrum 流程方面有权威，并且在新组建团队时确实需要强化框架的基本规则，但他帮助他人改进的意图会增强信任感，并激发团队成员自发选择去跟随，而不是因为被强迫而跟随。高效率 Scrum Master 要具备以下品质。

- **以身作则**。Scrum Master 体现了 Scrum 价值观和团队协作精神。她对变化持开放态度，并相信经验主义可以处理模糊性和不可预测性。通过示范这种积极的心态和适应性方法，她可以为其他人指明道路。

- **赋能他人**。Scrum Master 并不解决人的问题，而是试图通过透明的信息和公开的讨论来揭示改进的机会。她知道自己没有"最佳答案"，因此非常重视 Scrum 团队的集体智慧。

- **营造安全环境，坦然面对失败。**当人们学习和从事复杂工作时，需要在陷入冲突、相互挑战以及尝试新事物时有安全感。

- **首先听，然后学会"读取场域"。**Scrum Master 寻求引导共识，确保人们感到自己被倾听并愿意听取其他观点。

- **深切关心他人，并在他人能力提升时愿意挑战他。**Scrum Master 会表现出积极的意图，不会评判他人。她与人们讨论现状并帮助他们找到下一步的方向，激励他们以更高的标准要求自己。

- **诚信工作，在压力下保持冷静。**当团队成员因周围环境的不确定而感到吃力和不知所措时，Scrum Master 就发挥领导力为其他人提供一致性和稳定性，帮助他们坚持下去。

- **表现出对组织阻碍的低容忍度。**Scrum Master 要敢于向管理层说真话、挑战现状并为团队代言。

Scrum Master 要对谁负责呢？既要对 Scrum 团队负责，最终也要对组织负责。Scrum Master 服务于 Scrum 团队以求充分发挥 Scrum 的优势。Scrum 团队服务于组织以交付有价值的产品。然而，要想获得成功，有许多悖论是需要 Scrum Master 去驾驭的。[7]

度量 Scrum Master 的成功

Scrum Master 的成功建立在 Scrum 团队的成功之上。但是，Scrum Master 不能鼠目寸光，不能采取可能会破坏 Scrum 团队长期成功的行动。就像是要了解产品的价值，就需要分析多种类型数据的趋势；如果想要

---

[7] 译注：可以参考 https://www.agilesocks.com/paradox-agile-life/。

知道一个 Scrum Master 做的怎么样，也需要多种类型的数据，并观察它们的趋势。需要考虑下面几个问题。

- Scrum 团队在每个 Sprint 中是否都能可靠地创建可发布的增量？

- 增量的价值是否可以接受？它是否有改进？

- 增量的质量是否可以接受？它是否有改进？

- 团队成员是否享受他们的工作？他们是在不断学习和成长，还是似乎停滞不前，士气低落？

- Scrum 团队是否致力于在每个 Sprint 中持续改进？

- Scrum 团队成员是否对 Scrum 框架有深刻的理解？他们是始终如一、有目的地应用它，还是说他们只是因为 Scrum Master 让他们"遵守规则"他们才这样做？

Scrum Master 的成功可以用一个连续体（continuum）来度量，如图 6-4 所示。在这个连续体中，趋势（变好或变坏）比某个时间点的度量更重要。

度量 Scrum Master 的成功

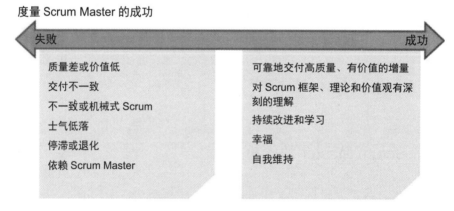

失败	成功
质量差或价值低	可靠地交付高质量、有价值的增量
交付不一致	对 Scrum 框架、理论和价值观有深刻的理解
不一致或机械式 Scrum	持续改进和学习
士气低落	幸福
停滞或退化	自我维持
依赖 Scrum Master	

图 6-4　Scrum Master 的成功，要通过多个领域中其他人的成长和成功来证明

有哪些迹象可以表明 Scrum Master 可能在牺牲长期成功

Scrum Master 经常承受着"快速展现改进效果"的压力。这种具有挑战的环境可能导致一些实际上破坏 Scrum 团队成功的行为。

- Scrum Master 引导每日 Scrum 会议或者更新 Scrum 板,以帮助"保持一切正常"。其实,自组织团队有能力管理自己的进度并更新自己的计划。在早期,Scrum Master 可能需要教授引导技术并提出问题,以帮助团队聚焦问题并达成共识。但随着时间的推移,Scrum Master 的直接参与应该越来越少。实际上,如果事情"偏离轨道",那么这个失败可能会为 Scrum 团队带来最强的学习体验。

- 当团队成员之间发生冲突时,Scrum Master 成为中间人。如果人们能够学会直接解决彼此之间的冲突时,效果会更好。

- 当 Scrum Master 不在办公室时,Scrum 团队会省掉某些 Scrum 事件。这可能表明团队对 Scrum 事件的目的缺乏理解(即尚未接受经验主义)或者缺乏技能(如没有人擅长引导 Sprint 回顾会)。

上述每一种行为都表明了团队对 Scrum Master 的依赖。实际上,Scrum Master 的目标应该是让自己失业。不过这将永远不会真正发生,因为团队总是会面临新的挑战并有新的改进机会,因此 Scrum Master 应该始终寻求更好的方式让 Scrum 团队更加自立。

Scrum Master 要对组织负责，但如果组织阻碍了 Scrum 团队的成功，Scrum Master 通常要去挑战组织。在直接挑战领导层时，Scrum Master 必须表现出勇气和同情心；同时，学习如何以尊重的态度传递困难的信息也是至关重要的，以开放和好奇的心态接近他人也会有所帮助。Scrum Master 在所做的所有工作中，都是在帮助建立共识，并使人们参与到解决方案的协作开发中。

高效率 Scrum Master 会根据实际情况来调整方法

Scrum Master 通过观察来了解团队的现状以及最需要成长的地方。随着经验的积累，他们会特别清楚在任何特定情况下该做什么。他们还会不断寻找新的信息并适时调整自己的工作方式（图 6-5）。

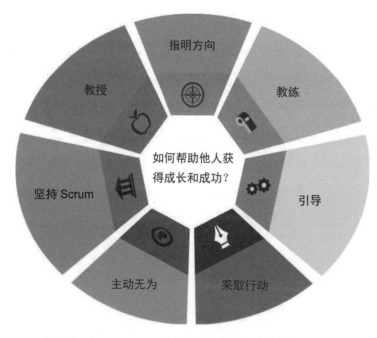

图 6-5　Scrum Master 必须根据实际情况来选择最佳方法

Scrum Master 会根据情况做出不同的响应。以下是他们可能做出的选择。

- **坚持 Scrum**。新的 Scrum 团队可能并不完全理解和接受 Scrum 框架的经验主义本质。团队成员可能觉得他们可以跳过一个事件、超出时间限制或者忽略角色的职责而不会产生任何后果。这可能是因为他们仍然在挣扎于建立一个强大的团队基础，也可能是因为来自组织的压力要求他们走捷径，或是因为他们已经变得自满，开始放任自流。坚持 Scrum 意味着引导 Scrum 团队回到框架背后的"为什么"，强调遵循 Scrum 原则所能带来的好处。

- **教授**。当 Scrum 团队需要提高对 Scrum 框架的基础、核心原则和补充实践的理解时，Scrum Master 需要帮助团队成员提高理解并运用这种理解来更高效地交付价值。他们的最佳做法是创造一个空间，让人们通过有指导的发现之旅来进行体验式学习。[8]

- **指明方向**。在 Scrum 的背景下，指明方向意味着创造并培养一种检视和调整的经验主义文化，旨在通过交付价值、收集反馈以及根据反馈改变方向，来做出更好的决策。

- **教练**。当 Scrum Master 进行教练时，体现出这样一种信念：个人或团队有能力自己找到答案，Scrum Master 只是协助他们找到这些答案。他们专注于帮助团队成员了解自己的处境以及下一步要做的事情。通常通过提出问题来帮助他们获得更好的理解、确定他们将要采取的行动并帮助他们对这些行动负责。[9] 教练可以帮助人们增强责任感、主人翁意识、自组织能力以及适应变化和不可预测性的能力。[10]

---

[8] Tastycupcakes.org 是一个很好的众包资源库，提供了常见的敏捷概念相关教学活动。

[9] 我们鼓励 Scrum Master 和其他希望提高教练技能的人考虑参加国际教练联合会（ICF, International Coach Federation）认可组织的培训。我们参加过的培训组织包括教练培训学院（CTI, Coach Training Institute）和敏捷教练学院（ACI, Agile Coaching Institute）。

[10] 有关如何结合 Scrum 的价值观进行教练的示例，可以访问 https://www.agilesocks.com/4-ways-to-coach-with-the-scrum-values/。

高效率 Scrum Master（和领导者）通过一对一教练方式达成更好的团队结果

根据我们的经验，留出固定的时间与 Scrum 团队成员（甚至是 Scrum 团队以外的人）进行教练对话是很有帮助的。定期的教练对话可以帮助人们更好地了解自己。教练可以帮助人们挖掘自己的目标，明确自己的价值观和愿景。它还可以帮助人们了解自己的偏好、动机和行为，从而更好地管理与他人的互动。

这里有一些建议，可以让您从定期的教练对话中获得最大的收获。

- **尝试走出常规的工作环境。** 也许可以在办公楼周围走走，去当地的咖啡店或者在附近的公园里坐坐。风景的改变、身体的运动或新鲜的空气，都可能带来更多的视角和创造力。

- **不一定总是有议程。** 尽管有时您可能想要解决一些具体的观察或情况，但要让被教练者来主导对话。教练是关于对方的，而不是关于您的。只要问一句"您在想什么？"[11]就可以开始对话了。

- **庆祝成长和成功。** 尽管我们确实相信持续改进，但只有一路上不断庆祝成长和成功，才能持续下去。

- **花些时间处理来观察结果并发现学习成果。** 如果人们总是在"行动"，可能无法从自己和周围的环境获得更多的见解。

- **引导。** Scrum Master 可以在整个 Sprint 期间引导 Scrum 事件、其他工作会议甚至是临时需要协作的流程。有效的引导需要觉察（读取场域）、建设性的冲突并保持对共同目标和成果的关注。引导为团队

---

[11]　"您在想什么？"是《所谓会带人，就是会提问》（作者 Michael Bungay Stanier，广东人民出版社出版）中的七个基本问题之一。这是一本很棒的书，为教练提供了一些容易上手的基础知识。

提供了更多的结构以进行自组织，并创造一种环境，使团队成员可以进入富有成效的冲突、探索多种观点、致力于团队决策并发挥创造力。

- **采取行动**。在某些情况下，Scrum Master 需要采取行动，有时甚至需要果断、立即采取行动。在采取行动时，Scrum Master 充当团队、经验过程以及整个组织利益的保护者。采取行动意味着 Scrum Master 必须在安全考虑的指导下达到微妙的平衡。如果 Scrum Master 介入太多或太频繁，会破坏 Scrum 团队的自组织能力；但如果团队的安全或完整性受到威胁，Scrum Master 可能别无选择。

- **主动无为**。在个体可以自己实现目标的时候去帮助他，会使他们丧失这方面的能力。经验主义和学习文化的核心是试验，边做边学。为了使团队成员学习上有收获，需要让他们自己采取行动。这是一个有意识的决定，始终为他人的学习和成长服务。"主动"是指要在团队学习和探索的过程中主动观察，然后根据发生的情况，可以继续这种方法或者选择其他方法。

Scrum Master 适合从哪里介入

《Scrum 指南》提供了一个由 Scrum Master 进行适当介入的简单示例：移除阻碍，通常由 Scrum 团队提供需要实现的预期结果。在这种情况下，Scrum Master 要与组织中的其他人合作，帮助他们实现解决方案，这通常需要教授、引导和教练技能。

当任何个体、团队或 Scrum 框架的安全受到威胁时，Scrum Master 必须采取行动。极端的情况是团队成员被欺凌或骚扰。这种行为不仅不符合 Scrum 价值观和框架的核心宗旨，而且还是非法的。当发生这种情况时，Scrum Master 必须立即采取行动以保护团队的安全。

一个不那么极端的例子是介入并积极管理一个正在以不健康的方式升级的冲突。有时候，让团队通过探索和实践来学习是合理的；但在其他时候，适当介入有助于团队做出重大改变。这种情况在刚组建的团队中尤其常见，因为他们不知道如何以这种新的方式一起工作。通过更积极地指导团队，Scrum Master 可以帮助团队加快学习速度。

小结

Scrum 团队的改进需要帮助和支持。他们可能会在 Sprint 回顾会中识别许多需要改进的地方，但他们不应该忽视每日 Scrum 会议在持续改进过程中的威力和即时性。在 Scrum 团队遇到阻碍时，最能帮到他们的就是迅速消除这些阻碍。

透明性可以帮助每个人了解阻碍团队发展的因素以及跟踪重复出现的问题，使得这些挑战更加明显。将各种形式的浪费可视化，并将它们传达给能够帮助消除这些浪费的人，这是一个需要养成的好习惯。

Scrum 团队还需要对自己的改进进行投资并由团队之外的人提供相应的支持。在计划 Sprint 时，他们需要考虑用于个人和团队发展的投资，并且他们需要透明化自己对发展支持的需要，让团队以外的人知道，团队外的人可能需要提供金钱、时间或者其他人的帮助来发展团队的能力。

Scrum Master 在团队内外都扮演着重要的角色。他们帮助团队学习和发展技能，拥抱经验主义和敏捷思维，向团队提出挑战使其保持持续改进，并帮助他们提升个人能力。成为一名高效的 Scrum Master 需要广泛的技能，还要有所需的智慧和专业知识，从而知道何时以及如何应用不同的技术。在团队之外，Scrum Master 通过影响整个组织来帮助团队，使其随着时间的推移变得更加高效。

行动号召

和团队一起思考下面这些问题。

- 在 Sprint 回顾会中发生过多少有意义的反思？

- Sprint 回顾会可以通过哪些方式变得更吸引人、更有创造力和更具协作性？

- 有哪些数据可以使阻碍的发生频率和影响透明化？

- 在过去几个 Sprint 中，采取过哪些措施来解决阻碍？

- 我们容忍了哪些主要的阻碍？

- 团队成员最需要和最想要在哪些领域获得成长？

- Scrum 团队在哪些方面有所改进，Scrum Master 是如何影响这种成长的？

- Scrum Master 可能需要停止做哪些事情？

- 需要组织的领导者提供什么来支持团队的改进？

- 哪些挑战现在最伤脑筋？确定一两个试验来帮助改进。对于每个试验，一定要确定预期的影响及其度量方法。

第 7 章

利用组织进行改进

如第 6 章所述，Scrum Master、经理甚至 Scrum 团队中的每个人都会帮助彼此以及整个团队进行改进。在这个过程中，他们经常需要利用组织的结构和文化来创造必要的条件，以帮助团队发展能力，并使团队更加专注于频繁交付价值。组织的结构和文化对团队身份认同、团队流程以及团队成员如何理解和度量产品的价值有着重要的影响。对每个人来说，其挑战在于让组织产生积极正向的影响，而不是阻碍 Scrum 团队的成长。

组织需要不断演进，才能取得成功

每个组织想要成功运营，都需要有结构，并对该结构如何工作施加限制。结构定义了向哪些客户提供哪些产品和服务，还定义了商业模式，有了商业模式，投资"开发（development）"和"支持（support）"活动就可以成为可能。结构还定义了员工、合作伙伴和服务提供商在交付产品和服务时如何合作。结构通常体现在组织所建立和执行的流程和政策中。

每个组织也有一种文化，一种将人们联系在一起并建立不成文的行为规范的习惯体系。文化由组织内所有人的行为总和演变而成，并受到结构和流程（还包括角色、目标和激励机制等）的影响。

为了帮助组织从 Scrum 中获取最大的收益，通常需要演进组织的文化、流程甚乃至结构。为了最大限度减少对组织和 Scrum 团队的伤害，需要在演进的过程中非常有目的地去做事情。组织和文化中许多的内在机制（包括显性和隐性的）都是为防止意外变化而存在的。在引入 Scrum 的过程中，不可避免会引入变革，变革管理不善是 Scrum 团队陷入困扰的一个常见原因，然而，人们往往意识不到发生了什么。

Scrum 团队有时可以在结构和文化方面的挑战未得到解决的情况下正常工作一段时间，但最终还是会遇到超出他们控制范围的阻碍。当这些阻碍无法解决时，Scrum 团队将进入停滞期，此时要想有所进展，就会变得非常艰难。

在本章中，我们将简要探讨 Scrum 团队在组织层面上会遇到的最常见的挑战。我们还会介绍如何将思维方式从"保护团队不受组织影响"转变为"利用组织来提高 Scrum 团队交付价值的能力"。

开发人员和团队

很多组织在招聘和发展员工方面投入了大量的资金，但他们的行为却有可能破坏他们留住和吸引这些人的能力。主动离职的员工每年给美国公司造成大约5万亿美元的损失，更不用说"不敬业"员工会"沉没"多少成本了。虽然让员工一辈子都待在一家公司并不现实，但如果能让员工有目的地投入其中，就会带来显著的回报。[①]

绩效考核和薪酬的影响

传统组织主要关注个人绩效。然而，现实情况是，在我们生活和工作的现代世界里，我们所做的每一件事几乎都需要有许多人合作才能达成想要的结果。对团队完成的工作给予个人奖励是一种短视和过时的做法，它对"什么是重要的"这一主题传达出了错误的信息。通常，团队合作和团队成果甚至不在考虑范围内，或者只是评价内容的一小部分。此外，许多薪酬体系看起来很武断，它们基于头衔和地位，而不是基于努力、成长和取得的成果。而且年度绩效考核到底有没有意义？[②]

[①] https://www.inc.com/ariana-ayu/the-emergent-cost-of-unhipple-employees.html。

[②] https://www.forbes.com/sites/lizryan/2018/01/14/performance-reviews-are-pointless-andinsulting-so-why-do-they-still-exist/#1cf4ca8972d1; https://getlighthouse.com/blog/get-rid-of-the-performance-review/。

在当今快节奏的世界中，高绩效团队是组织创造价值的引擎。想要建立和培养高绩效团队，组织需要奖励团队合作，而不是个人表现。可以通过下面几种方式做到这一点。

- 根据团队的成果，向团队发放奖金。

- 让团队自主决定团队成员的加薪和奖金分配方案。

- 在评估个人表现时，高度重视对团队的贡献。

- 为员工提供频繁、有意义且可行的反馈。

- 从更广泛的人群（团队成员、客户和管理人员等）中收集关于个人表现的反馈（有时称为 360 反馈）[3]。

- 考虑能够提升个人或团队的自主、专精和目的[4] 的内在奖励。

个人职业发展路径

在我们与组织的合作中，经常有人询问如何定义职业路径。Scrum Master 对许多组织来说是个新角色，它不同于现有的其他任何角色，所以他们不知道如何定义职业路径。产品负责人也是如此。此外，当经理开始理解开发团队的自组织和跨职能的性质时，可能会意识到，这与之前定义职业路径的方式有冲突。

传统组织通常围绕某个专业知识领域建立技能筒仓，每个筒仓都有自己的职业路径。如果工作的专业化程度非常高，并且人们不需要进行深度协作就能完成工作，那么这种筒仓结构就是有意义的。我们已经展示了在不确定因素多于确定因素的世界中，自组织、跨职能团队在交付复杂

---

[3]　https://www.thebalancecareers.com/360-degree-feedback-information-1917537。
[4]　平克（Daniel Pink）的《驱动力》（中国人民大学出版社出版）。

产品时所变现出来的威力。角色僵化的筒仓式组织跟不上组织不断变化的需求；最好的解决方案是让最接近产品和客户的人决定他们需要哪些技能。

职业就是（并且一直以来都是）您给自己讲的关于您现在所做的事情将如何导致其他事情发生的故事。不需要太多的自我反思就可以意识到，大部分您认为会发生的事情并没有发生，相反，却发生了您做梦都想不到的很多好事情。关于职业这个概念的另一个问题是，创新造就了很多新的工种，也消灭了很多现有的工种。十年后要做的工作是现在还没有的，或者是从现在的工作形态转变而成的，其工作方式与现在的截然不同。

在许多方面，敏捷的世界是一个"后职业世界"。在一个以不断变化为特征的复杂环境中，为客户提供价值所需的技能和知识总是在不断进化。组织和个人需要专注于培养灵活的问题解决和批判性思维的能力，而不是做职业规划。自组织团队是实现这种成长的一个很好的方式，因为身处其中，任何团队成员都会在团队需要时自愿学习新技能。

同时，团队成员需要一些指导来帮助他们做个人职业发展决策。组织可以通过以下方式提供帮助。

- 组织中不同部门需要哪些技能，以及哪些地方存在发展这些技能的机会，让这些信息始终保持透明的状态。

- 帮助他们了解除了技能的深度，可能还需要在哪些方面拓展广度。

- 帮助他们与导师建立链接，这些导师可以提供对职业的见解并帮助他们建立职业关系网。

- 帮助他们在组织中当前团队之外扩大影响力。

- 支持实践社区的建设，使人们能够在其中分享和发展技能和经验。

- 除了技术技能以及完成任务所需的特定技能之外，还要帮助他们提升领导力。

采购策略及其对团队的影响

组织利用采购策略来达到各种目的：降低成本、增加用工的灵活性、快速获得稀缺技能等。但这些策略同时也会影响团队合作的能力、影响团队的自主性和身份认同，从而影响团队交付价值的能力。来自不同组织的团队成员可能有不同的动机，他们对团队目标的参与程度也会有所不同。外包商可能不会获得与其他团队成员同等程度的尊重或信任。远程办公的团队成员可能体验不到相同程度的透明度和融入感。把员工视为可替换的劳动力，这样的采购策略，对创建一个负责任、透明、自组织的团队来说是非常有害的，而这种团队对成功至关重要。

专注于降低劳动力成本而不考虑团队效率，这样的采购策略是短视的。过多交接导致的漫长等待、过多工作切换导致的效率损失，以及无效沟通导致的返工，都会轻易抵消掉内部与外包员工工资差异所带来的少量节省。我们要首先专注于建立高绩效的团队，然后专注于消除阻碍和其他浪费源，如果不这样做，您可能会发现您的采购策略（正如与我们共事的一位经理感叹的那样）会直接导致"失败！效果打三折！"

实战案例 40

生产支持工作外包引起的内在冲突

许多组织希望将支持工作外包以节省资金，但支持工作的外包通常基于这样一个错误的假设，即此类工作只需要可替代的编码技能和缺陷修复技能。支持工作的外包通常基于一种项目思维，这种思维假设应用程序的更改很少发生，而且只与修复缺陷相关。

当应用程序只是向客户交付价值的价值流中的一部分时，将支持工作外包可能在多个方面对产品造成伤害。比如，认为应用程序不应该频繁更改就是一个糟糕的假设。实际上，价值流中的应用程序和其他流程可能会随着市场或客户需求的变化而频繁更改。有意使这种更改变得困难的支持流程会妨碍客户满意度和留存率的提高。

同样，将支持工作外包出去，Scrum 团队就失去了了解如何让应用（他们的产品）变得更好的宝贵信息。他们并没有对系统进行支持的相关经验，因此他们并没有投入到（通过使应用更具健壮性、可扩展性或安全性的方式）改善客户体验的功能开发中。

将支持工作外包，迫使开发人员和支持人员陷入一种固有的冲突关系中，容易相互指责和敌视。最后支持人员并没有参与到当前的开发中，因而无法获得相应的宝贵经验，这对其自身的支持工作是不利的。

现实情况是，支持/运营是一项复杂的任务，将支持与开发分开会产生许多不容易解决的问题。

如果外包是战略组成中的一部分，请考虑以下问题。

- 这是一种交易关系还是长期合作关系？

- 外包人员如何获得培训和职业发展？他们与和他们共事的内部员工在这方面是否平等？

- 合作伙伴是否有敏捷思维并秉持经验主义？

- 如何对合作关系做出评价？有没有用于改进的检视和调整流程？

- 外包会给当前的业务带来哪些风险？外包对当前的业务有什么好处？

适当借助于外包有好处，但也要注意成本（包括直接成本和间接成本）。要考虑组织如何能够降低外包的风险。观察结果和行为。

分布式团队

与外包类似，分布式团队的成员会降低团队的凝聚力和效率。在不同时区工作的人协作的时间会更少，协作时间根据他们工作日时间跨度重叠程度的不同而有所不同。在不同地点工作的人发现，他们的协作效率可能会低于集中在一起工作的人。他们发现，分布式团队合作更加困难。虽然让分布式团队发挥作用并不是不可能，但肯定要困难得多。

来自不同文化的团队成员有时也很难沟通。有些文化更愿意表达不同的意见，而另一些文化则更尊重不同的社会地位。这一点加上其他因素使透明变得更具挑战。信任和在一起工作的时间通常有助于团队成员达成更高水平的相互理解，从而提高透明度和协作效率，但当团队成员距离较远时，这种共享心态就更难实现。无论如何，都必须更加努力通过采取以下步骤来克服分布式团队所造成的障碍。[5]

- 帮助团队实现自组织，而不是试图为他们解决问题。

- 通过现场协作会议（至少一年一次；最好是每季度一次）来推动团队的成长。这样的活动专注于增进相互了解、建立明确的工作协议、围绕产品愿景进行对齐和理解客户，一起完成共同的目标等。

- 投资购买沟通和协作工具（如视频会议和互动白板）。

---

⑤ 其他相关技术请访问 https://techbeacon.com/app-dev-testing/distributed-agile-teams-8hacksmake-them-work。

逐渐适应透明

在本书中，我们讨论了透明在处理复杂性、模糊性和不可预测性时的重要性，以及它在我们日常互动中是如何体现的。当 Scrum 团队开始拥抱透明和经验过程时，常常不得不面对这样一个残酷的现实：大型组织不一定对透明感到舒适。透明听起来是个好主意，不过如果客户的反馈表明，某位重要利益相关者要求"必须做"的 PBI 并不是客户所关心的，或者暴露出团队中最资深的开发人员需要改进其代码质量，透明看起来就没那么好了。

透明需要勇气，因为它可能挑战公认的等级制度或教条。透明需要真正的领导力，因为团队需要有安全感和心理空间，才会偶尔说真实但不受欢迎的话。更具体来讲，领导者需要确保组织中其他成员不会公开或间接地"惩罚"说出这样信息的人。正如我们有一位前任经理曾经说过的，"事实是友好的"：掌握更多更好的信息，才能做出更好的决策。有了更好的信息，团队就能更有效地进行检视和调整。

许多组织和高管都偏爱自信、积极向上的人。拥有一个自信可以做成任何事情的团队是很有价值的。但与此同时，自信和自大之间仅有一条不易察觉的界限。透明是对抗不切实际期望的解药。

心理安全对于培养高效团队至关重要。[6]正如团队中每个人都需要相互信任一样，组织也需要表现出对团队的信任。信任有下面三个含义。

- 愿意进行开诚布公的讨论。

- 愿意分享和探讨不同意见。

- 愿意相信每个人都在尽力而为。

---

[6] https://hbr.org/2017/08/high-performing-teams-need-psychological-safety-heres-how-to-create-it。

要"责任"文化，不要"责备"文化

当领导说"我需要大家更有责任心"时，他们真正的意思有时是，当事情出错时得有人受到责备。这就会产生一种恐惧文化，人们因此而不愿意尝试新事物、收集反馈并进行调整。在一个以恐惧为基础、以责备为导向的企业中，敏捷是无法生存的。责任不同于责备。是的，您的确要为自己的决定及其后果负责，但最终的目标不是问责。相反，责任意味着专注于目标并有正确的意图；意味着决策过程要透明，从而使其有助于学习和调整；也意味着接受复杂性和不可预测性，以及创建更短的反馈循环来降低风险和加速学习。

一个具备责任文化的组织会让人们拥有他们应该拥有的决策权（也就是说，没有人能够凌驾于产品负责人之上来决定产品需求），要求人们在做事方法上以经验为基础，并提供必要的人员和信息来加以支持，同时承认错误和意外成功都有可能发生。

当组织习惯于透明，并从"责备"文化转向"责任"文化时，要求领导者放弃控制——或者更确切地说，放弃控制的错觉。

放弃控制（的错觉）

传统组织中，管理者生活在一种错觉中，认为自己是在"掌管"。但是任何一个担任过管理职务的人都会意识到，管理者拥有的控制力实际上相当有限，尤其在交付复杂产品的情况下。管理者根本不可能拥有交付优秀产品所需要的全部知识和专业技能。需要的是有能力且被授权可以自主决策的跨职能团队，并且还是有责任心的团队。

除非管理者帮助团队实现自组织并承担起责任，否则团队永远不会发展出交付优秀成果所需要的技能、信任、透明、承诺、专注、开放、勇气和尊重。[⑦]当管理者不愿放弃控制的错觉而成为一个服务型领导者时，团队将陷入低效和混乱之中。

[⑦]　https://guntherverheyen.com/2013/05/03/theres-value-in-the-scrum-values/。

铁三角的真正威力

回顾第 5 章介绍的铁三角，正如我们当时所指出的，铁三角常常会导致人们忽视用成果作为成功的度量标准。关于这个三角关系，还有一点很重要，那就是由于我们处理的是复杂的工作，因此成本、进度和范围这三个约束条件不可能都是固定的。

许多组织在计划过程中都忽略了这一点，这些组织要求对范围、进度和成本进行估算并做出保证。但当组织意识到他们无法固定所有这些变量时，铁三角的真正威力就出现了，他们反而会开诚布公地进行正确的对话，讨论影响追求（或继续追求）某个机会的制约因素。

- 您是否能够以合理的投资成本和足够快的速度交付足够有价值的产品？

- 您对要做的工作熟悉吗？在做出追求这个机会的决定时，如何将这种不确定性融入其中？

- 您多久可以验证一次您对上述问题的回答是否仍然有效？

老话说得好，只能固定铁三角的两条边。Scrum 让遵循铁三角这一"规则"变得非常容易。对 Sprint 来说，它的时间是固定的，成本也是固定的（假设 Scrum 团队中的人员及其能力没有改变）。因此，用 Scrum 来固定时间和成本变得非常容易，然后，可以让范围变得灵活（图 7-1）。

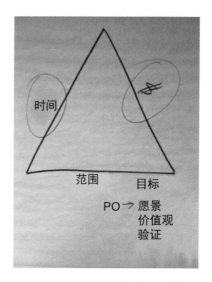

图 7-1　具有产品思维的铁三角（Stephanie Ockerman 供图）

尽管您可能担心范围太灵活了，但事实是我们根本无法预测哪些范围可以为我们带来预期的结果。请记住，Scrum 要求由产品负责人负责优化价值。产品负责人负责与产品愿景保持一致、对产品待办事项列表进行排序，以及定义并验证价值。产品负责人确保 Scrum 团队总是在做下一件正确的事情。

当然，产品负责人和利益相关者可能并不知道实现预期成果的正确方法。他们可能有想法和假设，但产品开发的复杂性使其很难绝对肯定地知道什么事情才是正确的。这又回到了验证结果这个问题上。范围的灵活性显示了铁三角的威力。如果频繁进行发布来验证假设，并从市场或用户那里获得有意义的反馈，您就可以对流程做出调整，使其更容易帮助您达成预期的结果。

您可能会想："如果固定铁三角其他两条边，会怎么样？"这就是我们认为传统的项目管理观点产生谬误的地方——具体来讲就是，传统项目管理并没有很好地处理复杂性。固定时间和范围通常是可取的，但在不推迟进度的情况下，在一个复杂的问题上投入更多资金通常会产生相反的效果。比如他们可以选择让每个人都加班或者增加团队成员。但前者会让人筋疲力竭，这样会引入质量问题，并最终降低士气；后者则会拖慢速度，因为您必须重新形成团队身份认同，并与新团队成员一起应对团队流程的挑战。

使用铁三角符合逻辑的做法是，固定时间和金钱并使范围变得灵活。或者，也可以固定范围，让时间和金钱变得灵活，但前提是您要绝对确保要做的都是客户真正需要的。

为新的举措筹资

许多新的举措最开始都只是脑子里的一个目标或预期成果，有时组织会对达成预期成果所需的工作范围有一个假设。您可能还希望了解交付该范围大致需要多少成本，我们称之为基于范围的估算。可以使用第5章中讨论的相对估算技术来做估算，不过您可能也想在更高的层级上进行估算。

基于范围的估算

Scrum 团队成员如果一直在做同一个产品，就可以将当前的工作与他们以前完成的举措进行比较，以此来完成相对估算。如果他们以前没有在一起工作过，就需要做刚好足够的分析，以便对工作量有一个大致的概念，之后随着在每个 Sprint 中学到更多的知识，可以对估算进行改进。

在较高的层级上，我们建议做简单的估算。产品负责人传达关于该举措的已知信息，包括预期成果以及实现这些预期成果所需的具体特性或能力。反过来，开发团队根据当前已知的信息进行估算。对 Scrum 团队来说，能够进行预算的最小单位是 Sprint。因此，以 Sprint 为单位建立预算是有意义的。也许，开发团队的估算结果是多少个 Sprint，也有可能是小（Small）、中（Medium）或大（Large），并对哪个类别代表多大的工作量和复杂性做出解释。然后，团队将会粗略预测出完成工作需要多少个 Sprint，而 Sprint 的数目用于计算成本。无论使用以上哪种方法，最终都会归结为 Sprint 数目。图 7-2 提供了一个 Scrum 团队高层级估算示例。

	高层级估算 （Sprint 数目）	团队预算 （50K 美元 /Sprint）
能力 A	2	100 000.00 美元
能力 B	4	200 000.00 美元
能力 C	0.5	25 000.00 美元
能力 D	3	150 000.00 美元
能力 E	7	350 000.00 美元
能力 F	1	50 000.00 美元
能力 G	3	150 000.00 美元

图 7-2　简单的高层级预算示例

当然，除了 Scrum 团队成员，可能还有一些额外的成本，因此，需要估算这些成本并将其添加到预算中。记得定期检视和调整，以防这些非人力成本随着工作的开展发生变化。

即使使用基于范围的预算，您还是希望范围保持合理的灵活性，以便团队能够在了解到新的信息后调整产品待办事项列表，使其更接近于预期的成果。这就能够在工作总量不变的情况下，调整发布版本中具体的 PBI。

迭代和增量预算

如果做得好，Scrum 能够让企业以迭代和增量的方式为 Scrum 团队的多个 Sprint 提供预算和资金，并信任产品负责人对产品待办事项列表的优先级顺序做出适当的决策，从而优化价值。在每个 Sprint 期间，"完成"的增量以及对工作、价值度量和客户反馈的新的认知将对利益相关者而言都是透明的。Sprint 评审会是讨论这些经验教训的好机会。产品负责人根据经验证据，与利益相关者和 Scrum 团队的其他成员一起协作，修改产品待办事项列表。切记，Sprint 持续时间越长，承担的投资风险就越大。

在任何时候，产品负责人或组织都可以决定停止为后续的 Sprint 提供资金。当投资回报率低到不值得继续改进产品时，就可能发生这种情况。这可能表明组织有机会加大对不同的或新的产品进行投资，而 Scrum 团队可以在其他事情上交付更多的价值。这就说明了为什么一定要有"完成"的增量，因为它使企业能够对机会做出响应。

对于已经存在一年或更长时间，且还在持续改进、持续交付价值的产品，转向迭代和增量预算模型也可能是有意义的。想一下，为一个产品及其 Scrum 团队提供整个财年的资金，而不是为当年影响产品的每个举措执行单独的预算编制过程并维护单独的预算，这可以节省多少开销。

这种类型的预算与超越预算（Beyond Budgeting）运动所推广的理念是一致的。[8] 超越预算认为，传统的预算编制花费了大量的精力却得到相对较少的价值，而且往往不利于组织的可持续性和适应性。它提出这样一种观点，即组织应该用自我调节的、相对的基准来取代其集中控制的、预先确定的目标，并将决策权移交给一线员工。

以下三个因素会影响长期的计划和预测。

1. 是否已经有了资金？

2. 是否有历史数据（即经验数据）来帮助您做计划？

3. 组织中的信任达到了什么样的层级？

---

[8] 有关超越预算的更多信息，请参见 https://bbrt.org/the-beyond-budgeting-principles/。
也可以参见清华大学出版社出版的中译本《实施超越预算》（第 2 版）。

实战案例 41

通过团队协作，在发建立信任和学习过程中，不断改进计划和投资方式

某个 Scrum 团队已经在一个产品上工作了三个月，团队成员对已知类型的工作拥有共同的经历。从这段经历中，他们对工作项的大小和复杂程度有直观的理解。因为他们一直在持续交付"完成"的增量，他们在工作进展以及价值决策的制定和验证方面对利益相关者都是透明的，他们由此建立了信任关系。如果这个产品已经获得了接下来几个月的投资，那么很有可能团队的产品待办事项列表中接下来几个 Sprint 的工作已经梳理得很详细了。产品负责人要确保最能够为组织提供价值的工作都位于产品待办事项列表的顶部。

接下来，有这么一位业务主管，他想要开发新产品并要组建新的 Scrum 团队。这位业务主管需要证明产品具有合理的投资回报率，因此必须进行足够的计划才能大概知道实现最初的产品目标需要多少成本。如果这个组织具有信任的文化、敏捷的思维、高效 Scrum 的经验，Scrum 团队就只需做出刚好足够的分析，制定出一个大致的初始计划。他们将根据计划变化的情况以及新 Scrum 团队积累的历史数据，定期检视和调整整个产品的行动举措。产品负责人将在产品构建时验证有关 ROI 的假设。如果有必要继续投资以增强产品，可以请求追加资金。

现在考虑组织内部存在不信任的示例。人们经常会做更多前期计划，因为他们错误地认为这种计划可以带来确定性。Scrum 团队可能会花费几周甚至几个月的时间来详细描述产品待办事项列表的工作，这不仅浪费了金钱，还延迟了价值的交付。根据我们的经验，一旦工作开始，计划往往会因可工作产品的反馈而改变。团队可能会丢弃早期所做的详细分析，并修改产品待办事项列表的细节，这些都是大量的浪费。

使用 Scrum 之后，要追求"恰到好处"，也就是说，希望计划最少但够用。

思维敏捷不是目标

很多组织都在追求"敏捷转型"，您的组织可能就是其中之一。想要变得更敏捷通常是件好事，只要不把行为敏捷（Doing Agile）作为目标就好。敏捷思维、敏捷框架（如 Scrum）和敏捷实践可以帮助组织实现其目标，但真正的目标是（或应该是）提高组织所交付的价值，无论在这种情况下意味着什么。[⑨]

那么，仅仅专注于"敏捷转型"这件事有什么危害呢？主要危害是缺乏专注，加上"僵尸 Scrum"的风险，在这种情况下，人们对 Scrum 的仪式只是走走过场，并没有真正了解自己在做什么或为什么这么做。如果很清楚自己要达成什么目标（用客户的语言来描述），您就可以更有效进行必要的权衡来达成目标。[⑩]

[⑨] 有关此主题的详细信息，请参见 https://www.scrum.org/resources/blog/scrum-transport-not-destination。

[⑩] Scrum.org 创建了一个基于度量的经验改进框架，称为"循证管理"，它提供了许多方法来表达目标，并使用度量手段来提高实现这些目标的能力。详情可参见 https://www.scrum.org/resources/evidence-based-management。

为什么敏捷百分百是个坏目标

如果说思维敏捷（Being Agile）不应该是目标，那么敏捷百分百就是更糟糕的目标，因为它将敏捷方法推到了可能不需要经验主义或创新的人或团队身上。如果想让团队更快地交付，那就把他们的工作分解成更小的增量，集中精力为他们消除阻碍。当您无法确定到底要构建什么或如何构建时，就需要依托于经验主义。但如果知道自己需要什么且知道如何构建，就放手去做吧。不要披着敏捷的外衣，还认为这是个超级棒的方法。

陷入"敏捷好，就处处用敏捷"这一陷阱的组织已经忽视了他们想要实现的目标。他们这么做简直是自不量力。如果敏捷发挥作用，是因为被授权的、自组织的、高度专业的团队正在运用敏捷不断地检视、调整和改进产品和工作方式。要组建这些高绩效的敏捷团队，需要投入时间、资金以及合适的人才。

先搞定当前再进行规模化

很多组织有时没有足够的耐心，他们希望能够尽快增加更多 Scrum 团队来交付更多价值。然而，如果现有团队还在挣扎于可靠地交付客户和用户认为有价值的可发布的产品增量，那么此时进行规模化就不是一个好主意。如果您只是为了交付更多的东西而增加更多的团队，那么实际上您是在规模化现有的挑战，会放大混乱和困惑。

相反，我们要专注于帮助 Scrum 团队变得优秀。通常，消除组织阻碍、改进团队流程以及更好地理解业务和客户，就可以实现所需的价值流动，从而无需承担多团队所带来的成本和额外的复杂度。做到这些之后，如果您仍然认为需要规模化才能达到目的，那就去做，因为此时您已经有了坚实的基础。再增加一个团队，然后解决新的挑战，再一次成为非常优秀的团队。然后，增加另一个团队，接着下一个团队，直到觉得够用为止。

当在同一个产品上规模化为多个 Scrum 团队时，要有意识地去做，并首先使用那些之前帮助您取得成功的方法。被授权的自组织团队将决定何时以何种方式进行规模化，他们不断检视和调整，以改进产品和工作方式。[11]

---

[11] Nexus 是一种规模化 Scrum 方法，多个团队做同一个产品。详情可参见 https://www.scrum.org/resources/scaling-scrum 。

小结

一个组织的结构、流程、政策以及文化会对组织中的团队产生强大的、有时甚至是压倒性的影响。要想从诸如 Scrum 这样的敏捷方法中获得长期的收益，必须学会利用组织来加强团队的身份认同，从而帮助团队改进流程中工作的流动性，并交付更大的产品价值。

无论是否使用 Scrum，所有组织都需要不断进化，必须以多快的速度进化取决于它们现在在哪、它们要去到哪里，以及哪些变化正在影响它们的业务。采用敏捷思维和经验主义来增强团队协作能力的组织，能够在快速变化、高度竞争的世界中变得更灵活、更有弹性。

行动号召

与团队一起考虑下面几个问题。

- 组织政策或流程是否阻碍了人员和团队的发展？

- 组织能否在某些领域（时间、金钱或其他资源）提供支持，以增强团队的身份认同？

- 组织（具体指领导和利益相关者）在面对透明的信息时有何反应？他们面对积极的信息时如何反应？他们面对负面的信息时如何反应？

- 可以通过哪些方式帮助组织将变革和适应性作为竞争优势？

- 组织在其流程和政策（如预算）中以何种方式利用经验主义并关注有价值的成果？

- 哪些挑战现在最伤脑筋？确定一两个试验利用组织来帮助 Scrum 团队进行改进。对于每个试验，一定要确定预期的影响及其度量方法。

第 8 章

结语和下一步

到目前为止，您应该明白 Scrum 是一个轻量级的框架，它很简单，然而，当它由一个技术娴熟、有凝聚力、自组织、体现 Scrum 价值观并信奉经验主义的团队实施时，它又很强大。

在本书的写作过程中，我们探讨了 Scrum 框架及其使用过程中很多常见的挑战，以及克服这些挑战的方法。我们介绍了专业 Scrum 的七个关键改进领域，希望可以指导大家通过 Scrum 获得更大的收益。书中到处都有反思和行动的机会。我们希望我们已向您提出了改进工作方式的挑战，并希望我们已经为您的组织可以在哪些方面进行改进提供了新的见解。

业务敏捷需要浮现式解决方案

在本书中，我们探讨了在一个复杂和不确定的世界中如何通过迭代和增量的方式来交付价值。为了解决问题，理想情况下，您会专注于一个简单的过程：尝试、学习、重复上述过程。根据团队不断增长的集体认知来构建解决方案，并在看到变化即将到来时及时做出响应。

组织希望实现业务敏捷，而不仅仅是"做 Scrum（do Scrum）"。业务敏捷意味着投资回报（ROI）足够快，投资决策灵活且掌控力强，以及在新的机会或风险出现时，能够轻松转向。单靠迭代和增量式的方法本身并不总是能实现这些有价值的成果。Scrum 的核心（敏捷思维、经验主义和团队协作）为实现这种迭代和增量式方法的好处提供了必要的基础。

通过关注 Scrum 团队、业务市场和利益相关者的反馈，组织可以获得有价值的产品洞见，帮助他们持续改进产品以及用于创造这些产品的流程。这些反馈循环由经验主义的三大支柱提供支撑：透明、检视和调整。反馈，在 Scrum 价值观的加持下，可以促成一种鼓励试验和持续改进的学习文化。

这种学习文化渗透到组织交付产品的方方面面，从早期围绕一个好的想法（假设）进行对话，到交付每一个"完成"的产品增量。在追求产品愿景的同时，组织也在不断完善产品及其交付方式。

在第 1 章中，我们介绍了支持改进的七个关键领域：敏捷思维、经验主义、团队协作、团队流程、团队身份认同、产品价值和组织。在本书中，我们对每个关键领域进行扩展，展示了如何利用它们来帮助 Scrum 团队进行改进。

一路走来，我们希望您能学到下面这些重要的经验。

- **如果没有知识渊博、技术精湛、敬业的团队成员，Scrum 就无法发挥作用**。在复杂的世界中创造有价值的解决方案，需要团队中包含具备多样化知识、技能和经验的积极进取的成员。这些团队需要支持性的空间，使其成员可以协作构建创造性的解决方案并从中学习。

- **团队需要组织的帮助**。团队生活在组织中，组织的文化将塑造团队，要么帮助团队发展，要么限制团队成长。当团队和组织之间出现摩擦时，要找出造成团队成员和组织运作方式发生冲突的原因。尝试了解敏捷的价值观和原则与组织成员的行为表现在何处发生冲突，以及为什么会发生冲突。

- **思维塑造文化，文化影响流程**。拥有积极的敏捷思维将有助于塑造一种文化，这种文化有助于最大限度地发挥 Scrum 的优势，并在复杂和快速变化的环境中保持弹性。

- **"掌握 Scrum"是一段旅程，不是目的地**。实践会使事情变得更好，但永远不会完美。您越多地练习（对自己和周围人的）觉察、反思，然后有目的地行动，您就越能创造性地、有成效地解决问题，交付尽可能高价值的解决方案。在这个旅程中，您要去的地方肯定也会改变，所以要对各种可能性保持开放的心态。

定期回顾附录 A "现状评估" 中的评估问题，将有助于您和团队找到可以改进的方法。每次回顾时想一想下面几个问题。

- 您学到了什么？

- 发生了什么变化？

- 出现了哪些机会或风险？

- 有哪些问题不断在出现？

- 您注意到了哪些趋势？

与个人技能提升的方式类似，Scrum 团队和组织可以通过寻求积极的试验来进行学习和成长，也可以通过越来越快地响应获得的洞察和变化来做出改进。团队和组织可以通过以下方式来进行改进。

- 不遗余力地关注价值

- 不懈专注技术卓越和 "完成"

- 持续改进，始终追求 "更好"

认清现状和目标，并寻找那个能给您带来最大价值的最小的下一步。变革是艰难的，用框架来指导变革，才能更有针对性、规范性和有效性。清楚地了解当前正在使用的框架，并按计划使用，将带来最大的收益。

行动号召

在每一章的结尾，我们都发布了一个"行动号召"，旨在让大家继续前进，充分发挥 Scrum 的优势。在本书的结尾，您的旅程并没有就此结束，事实上，它才刚刚开始。反思自己的关键想法、已经采取的行动，以及您从这些行动中观察到的结果。首先要专注于建立一个强大的团队和经验主义的基础，然后再根据反馈进行改进。随着经验和实践的积累，刚开始很难完成的活动将变得毫不费力。

考虑在日程表上留出时间，定期反思在掌握 Scrum 过程中的学习、观察和见解。当您这样做的时候，请思考如何将这些经验融入到 Scrum 团队和组织（也许还有其他地方）中。不断检视结果，调整方法。

Scrum 的强大来自于它的简单性。随着世界变得越来越不稳定、不确定和模糊，我们需要 Scrum 的简单性来适应世界日益增长的复杂性。拥抱简单性和经验主义的领导者能够使其员工、团队和组织充满活力，进而为应对世界的挑战提供更好的解决方案。我们鼓励您成为 Scrum.org 使命的一部分，提升产品交付的专业性。让专业精神为您提供指引。

我们祝您在学习和成长的道路上一帆风顺。Scrum，操练起来！

附录 A

现状评估

在改进之前，您需要知道自己距离目标还有多远。下面的问题将帮助您找出优先级最高的痛点。对大多数人来说，这些痛点往往是最明显的，而且往往是相互关联的。它们通常会让您的团队感到压力、焦虑或缺少热情。试着公开、客观地回答每一个问题，如果不确定问题的答案，考虑一下如何获得更多的信息。

业务敏捷

业务敏捷和 Scrum 的有效使用是直接相关的。如果正在"做 Scrum",但并没有实现自己想要的业务敏捷,就应该考虑如何用敏捷思维来应用 Scrum 框架。要判断业务有多敏捷,请用 1 ~ 10 分(1 分 = 非常不同意,10 分 = 非常同意)对认同程度进行评分。

- 组织对产品的投资回报感到满意。

- 每个 Sprint 都至少产出一次"完成"(即潜在可发布)的增量。

- 客户对他们接收新版本的频率感到满意。

- 利益相关者和客户的反馈会纳入产品中来提高产品的价值。

- 可以根据市场、客户或用户的反馈来验证对工作价值的有关假设。

- 能够在可接受的时间内交付新产品功能。

- 能够在可接受的时间内对新的机会或风险做出响应。

- 理解客户的需求(并有证据证明这一点)。

- 了解用户或客户如何使用产品,包括他们使用了哪些功能。

- 了解产品的当前市场状况以及未来走势。

- 客户觉得您的产品质量很高。

- 在维护产品或修复缺陷上的投资比例(与在新功能上的投资相比)是可接受的。

- 团队成员对自己的工作非常满意。

- 团队成员对自己的学习和成长机会非常满意。

为了判断在经验主义的使用方面达到了什么程度，请用 1 ～ 10 分（1 分 = 非常不同意，10 分 = 非常同意）为您的同意程度打分。

我们有一个产品负责人……

_____ 我们只有一个产品负责人，他负责做出各种决策来最大化产品的价值。

_____ 产品负责人定期传达产品的清晰愿景。

_____ 产品负责人可以很容易地访问数据，来帮助自己度量产品变更所带来的影响。

_____ 产品负责人对产品策略及其如何与业务目标保持一致非常了解。

_____ 产品负责人积极寻求利益相关者的意见，并与利益相关者一起设定期望。

_____ 产品负责人可以帮助回答问题，并对开发团队在 Sprint 期间的价值产出进行指导。

_____ 产品负责人能够在理解客户 / 用户需求、建立和传达产品愿景以及探索新的价值交付方式方面投入充足时间。

我们有一个 Scrum 团队……

_____ Scrum 团队感到有权对其流程和工具进行更改。

_____ Scrum 团队积极寻求减少流程中的浪费。

我们开 Sprint 计划会……

_____ 整个 Scrum 团队在计划会中充分参与，并在时间盒内实现会议目的。

_____ Scrum 团队创建了一个 Sprint 目标，该目标为 Sprint 提供明确的目的。

_____ Scrum 团队能够利用他们的知识和产品待办事项列表中可用的信息高效且有效地计划 Sprint。

_____ 在 Sprint 结束时，是否达到了 Sprint 的目标一目了然。

我们做 Sprint……

_____ Sprint 的时长为一个月或更短,并且长度保持一致。

_____ Sprint 足够短,以便给到业务所需的灵活性,从而能够限制投资风险、获得反馈以验证假设,并足够频繁地调整方向。

_____ 在每个 Sprint 结束时,总是有一个能够提供业务价值的潜在可发布增量。

_____ Scrum 团队能够始终如一地实现其 Sprint 目标。

_____ 在每个 Sprint 中,开发团队通过与产品负责人和其他利益相关者协作,了解了更多关于业务需求的信息。

我们有一个增量……

_____ "完成"的定义反映了我们对可发布产品的要求,随着时间的推移,这个定义不断扩展,以提高产品的质量和完整性。

_____ Scrum 团队不会牺牲质量来保数量。

_____ 产品负责人对 Sprint 评审会中审查的产品增量从不感到意外。

_____ 利益相关者几乎总是对 Sprint 评审会中展示的增量感到满意;如果不满意,产品负责人会利用收集到的反馈来调整产品待办事项列表。

我们有一个开发团队……

_____ 开发团队成员在如何开发和交付增量方面拥有自主权,并且他们觉得有权做出这些决策。

_____ 开发团队的所有成员都对"完成"的定义了然于胸。

_____ 开发团队致力于澄清和增强"完成"的定义,从而随着时间的推移提高产品的质量和完整性。

我们有一个产品待办事项列表……

_____ 产品待办事项列表对 Scrum 团队和利益相关者来说是可用的并且是可理解的。

_____ 产品待办事项列表是一个经过排序的列表，代表当前计划的所有产品内容。

_____ 产品待办事项列表清楚说明了每个 PBI 的价值。

_____ 随着在交付产品和检视环境变化的过程中了解到更多的信息，产品待办事项列表可以经常得到梳理和更新。

_____ 产品待办事项列表并不是简单地将其他需求文档做一个翻译就转交给 Scrum 团队。

_____ 产品待办事项列表并不是简单存有每个客户／利益相关者请求的不断增长的清单，而是反映了对客户需求和期望结果做出深思熟虑之后的响应。

我们有一个 Sprint 待办事项列表……

_____ Sprint 待办事项列表清楚地传达了向 Sprint 目标前进的进度。

_____ Sprint 待办事项列表中包含至少一个来自上次 Sprint 回顾会的待改进项。

_____ 开发团队经常更新 Sprint 待办事项列表，以反映工作进展中学到的新知识。

_____ 在 Sprint 结束时很少有"部分完成"的工作。

我们有每日 Scrum 会议……

_____ 整个开发团队充分参与，并在时间盒内达成每日 Scrum 会议的目的。

_____ 每日 Scrum 会议是由开发团队推动的协作计划会。

_____ 在每日 Scrum 会议结束时，开发团队了解朝 Sprint 目标所取得的进展、任何阻塞或减缓进展的阻碍，以及未来 24 小时的计划。

_____ 每日 Scrum 会议不是简单的状态更新，而是要积极促进协作、帮助提高团队交付价值的能力。

我们有一个 Sprint 评审会……

_____ 整个 Scrum 团队和邀请的利益相关者充分参与，并在时间盒内达成 Sprint 评审会的目的。

_____Sprint 评审会是协作性的，可以产生对增量和产品方向有用的反馈。

_____ 所有必要的利益相关者都参加，他们提供相关和有用的反馈。

_____ 利益相关者理解经验主义在解决复杂问题方面的价值；他们不认为 Scrum 只是一种在更短的时间内完成更多工作的方式。

_____ 利益相关者关心的是有一个满足业务目标的可发布增量，而不是所有预期的 PBI 是否都已完成，或者是否遵循了所有适用的流程。

_____ 与完成 Sprint 计划会中计划的所有工作相比，更强调的是拥有一个可发布的、提供价值的高质量增量。

我们有一个 Sprint 回顾会……

_____ 整个 Scrum 团队充分参与，并在时间盒内达成 Sprint 回顾会的目的。

_____Sprint 回顾会包括对 Scrum 团队工作方式进行公开、有意义的讨论。

_____ 在 Sprint 回顾会期间，Scrum 团队确定了要在下一个 Sprint 中要实现的改进行动项。

_____Scrum 团队及时执行可行的承诺，并评估其影响。

我们有一个 Scrum Master……

_____Scrum Master 确保 Scrum 团队理解并遵守 Scrum 框架，同时支持和鼓励自组织。

_____Scrum Master 体现了 Scrum 的价值观和经验主义。

_____Scrum Master 积极帮助开发团队使其工作透明化。

_____Scrum Master 帮助 Scrum 团队拥抱 Scrum 价值观和经验主义。

_____Scrum Master 体现了组织的敏捷性并积极地移除组织级阻碍。

_____Scrum Master 了解 Scrum 团队的健康状况并帮助改进团队的协作。

_____Scrum Master 在不破坏自组织的情况下，通过驱动变革来提高生产力和质量。

_____Scrum Master 充当一个服务型的领导者，通过团队的成长和成功（达成 Scrum 的好处）来度量个人的成功。

使用 Scrum 进行有效的团队合作

要判定在 Scrum 实施中团队合作的有效性，请对以下各项陈述，根据符合程度，用 1 ～ 10 分（1 分 = 非常不同意，10 分 = 非常同意）进行评分。

承诺和专注

_____ 我们根据共同目标和成果的达成情况来度量成功。

_____ 我们彼此为承诺和质量标准负责。

_____ 我们做出的决策是价值驱动且基于共识的。

_____ 所有团队成员都支持团队共同作出的决策和行动计划。

_____ 所有团队成员都愿意让自己走出舒适区。

_____ 我们专注于一两件小事，把它们做完，然后再做下一件事。

开放与勇气

_____ 所有团队成员都积极帮助团队中的其他人。

_____ 所有团队成员都主动寻求帮助。

_____ 所有团队成员都能够迅速承认错误并寻求解决方案。

_____ 所有团队成员都愿意分享他们的想法和观点。

_____ 我们面对失败或挫折时，能够反思所学并尝试其他的方法。

_____ 我们会主动直接提出问题和顾虑。

_____ 我们能够针对意想不到的变化做出调整。

_____ 团队成员挑战自己和整个组织的假设（assumption）。

尊重

_____ 所有团队成员能够并愿意以尊重和富有成效的方式解决冲突。

_____ 为了个人和团队的成长，我们经常相互提供建设性的反馈。

_____ 所有团队成员都愿意听取并考虑不同的想法和观点。

_____ 我们致力于使团队变得更加跨职能，并使整个团队在业务、技术和流程知识三个方面都有增强。

评估结果分析

回头看看评估结果。现在考虑如下每一项的当前趋势：

_____ 哪些方面正在朝着预期的成果前进？

_____ 哪些方面正在停滞不前？

_____ 哪些方面正在倒退？

现在考虑以下问题。

_____ 您是不是觉得你们只是在装模作样？还是您带着真心、意愿和承诺出现？

_____ 在 Scrum 团队中，针对挑战和改进的想法进行过多少公开和诚实的讨论？

_____ Scrum 团队成员对如何开发和交付产品有多大的控制权？

_____ 管理层为移除组织阻碍提供了多少支持？

对 Scrum 的常见误解

常见误解 1：Scrum 不是一种方法论，也不是一种治理流程

方法论是指"一门学科所采用的方法、规则和假设的集合；一个特定的过程或一组过程。"[①]方法论在复杂和不可预测的领域中是行不通的，因为方法论需要预先知道解决方案是什么，还要知道达成解决方案的步骤是什么。在复杂的领域中，团队必须使用经验主义来交付价值或解决问题。他们必须能够自主决定流程和技术，并且能在工作中了解到更多知识之后适当对其进行调整。

Scrum 是一个提供最小边界的流程框架，它可以在限制风险的同时实现自组织。每个人对 Scrum 的实施看起来都会有所不同，因为每个产品和每个团队的需求都不一样。

许多 Scrum 团队都在非常关注风险管理的组织中工作。他们希望确保资金能够得到有效利用并与业务目标保持一致，确保达到安全和安保标准，并确保他们不会承担法律或监管责任。这些组织实施治理流程来尝试控制这些风险。

Scrum 虽然不是一个治理流程，但它可以帮助控制风险。Scrum 可以使组织流程中的浪费变得更加透明，有助于进行后续的检视和调整，从而使得这些流程更加有效。Scrum 可以帮助确保与业务目标保持一致，并提供机会尽早进行调整，使交付重新与业务目标保持一致。当组织专注于定义有关治理、风险和合规性方面的预期结果而不是定义具体方法时，它允许团队以最有效的方式实现这些结果。通过坚持不懈地专注于构建"完成"的增量，团队可以同时管理交付风险。

[①] 该引用已经获得 Merriam-Webster.com © 2019 by Merriam-Webster, Inc. 的授权：
https://www.merriam-webster.com/dictionary/methodology。

常见误解 2：Scrum 不是"银弹"，也不能使开发人员工作更快

简单地"做 Scrum"并不能解决您的问题。是"人们"让 Scrum 变得更有效；他们根据经验数据来做出明智的决策，从而开发出创造性的解决方案。当人们体现 Scrum 价值观时，阻碍他们前进的东西就会变得更加显而易见。一旦清晰可见，就有改进的机会。Scrum 做得好的话就像一盏聚光灯照在组织及其工作方式（有好的，也有不好的）上。

使用 Scrum 可能提高开发流程的效率，这意味着某些活动由于强调持续改进而将花费更少的时间。但是，这不是 Scrum 的重点，Scrum 的重点是频繁地交付价值。使用 Scrum 就是换一种不同的工作方式，以便能够更频繁地交付有价值的产品增量。

更快交付更多错误的东西并不是很有效。必须有效地确定有价值的东西；必须根据反馈、实际价值的经验评估以及市场变化做出有效的调整；必须有效地交付"完成"的增量。Scrum 可以帮助您达到这种"有效"级别。

在产品交付方面，我们选择"有效"而不是"效率"。效率是 Scrum 的次要收益，开发团队会确定在哪里有机会提高流程的效率。使用 Scrum 的关键收益是应用从"完成"的增量获得的透明来验证价值。实现"完成"的增量并解锁价值流动的能力是使用该框架的自然收益。

常见误解 3：产品负责人的关注重点不是需求文档

产品负责人的主要职责是实现产品价值的最大化，要达到这个目标，产品负责人要关注的内容远不止是编写需求：产品负责人需要与利益相

关者合作，了解他们的需要并设定期望；产品负责人需要传达与业务战略和组织使命一致的产品愿景；产品负责人需要为有冲突的优先级和需求做出艰难的决定；产品负责人还需要了解用户是谁以及他们是如何使用产品的。

尽管产品负责人负责产品待办事项列表中的内容，以及对列表中的PBI进行优先级排序，但她可能会将其中一部分细节委托给其他人来做。

常见误解 4：产品待办事项列表不是传统需求文档的敏捷版本

使用 Scrum 以后，组织会专注于交付更有价值的功能。

产品待办事项列表是产品需求的一种呈现形式，随时可以对其进行更改，并且通过交付产品增量，团队会了解更多有关产品的知识，从而不断对产品待办事项列表进行演进。它也要随着团队对用户的了解、团队对市场变化的认知以及业务需要的变化而不断演进。即使是在 Sprint 期间，随着团队在构建 PBI 过程中澄清并达成共识，PBI 也有可能会更改。

当 Scrum 团队开始 Sprint 计划时，并不代表就是将产品待办事项列表移交给开发团队。同样，产品待办事项列表也不应该被当作合同，它不应该阻碍后续的合作协商，它是可以变化的。

常见误解 5：产品待办事项列表并不包含所有的请求

产品待办事项列表使得当前的产品计划变得透明。产品负责人的责任是优化价值，这是通过对 PBI 进行排序来实现的。如果产品待办事项列表中包含您不打算实施的 PBI，比如价值不高或者与产品方向不一致，那您就是在掩盖透明性。

我们不能因为想取悦于利益相关者（因为我们记录了他们的请求）而把请求放入产品待办事项列表。产品负责人通过做出关于产品的艰难决定来履行她的责任。产品负责人可以选择说"现在不行"。如果某项工作在未来变得很重要，就会再次被提出，到那时再将其添加到产品待办事项列表中。

常见误解 6：每日 Scrum 会议不是状态会议

每日 Scrum 会议是一个协作计划会，目的是检视实现 Sprint 目标的进度并调整计划。它并不是为了说明每个人在前一个工作日是如何度过的，也不是为了关注个人的状态更新，因为这既忽视了 Sprint 目标，也抑制了开发团队共同创建"完成"的增量的责任。

每日 Scrum 会议并不是为了给开发团队以外的人提供状态更新。如果这样做，可能导致进度缺乏透明度，并失去对开发团队合作的重视。

常见误解 7：即使计划的 Sprint 待办事项没有全部完成，Sprint 也有可能取得成功

即使在 Sprint 这么短的时间内，产品交付也会有大量的复杂性和不可预测性。Sprint 待办事项列表不是承诺在特定的时间范围内交付一组特定的 PBI。我们认识到我们不可能完美计划，所以接受这种模糊性并在新的解决方案出现时，根据我们现有的认知做出明智的决定来调整我们的计划。我们使用 Sprint 目标来保持专注，并在我们了解到更多信息后调整 Sprint 待办事项列表。

成功的 Sprint 可以交付一个可发布的产品。成功的 Sprint 可以交付价值。

常见误解 8：Scrum Master 不负责跟踪开发团队的工作

开发团队是自组织的，这意味着团队成员负责监督自己的进度并调整计划。Scrum Master 可以通过教给开发团队一些技术来为他们提供支持，让他们更有效地工作，提升工作进度和结果的透明度。

常见误解 9：Sprint 评审会不是验收会议

Sprint 评审会前，已经创建了可发布的增量。Sprint 评审会用于收集反馈并协作讨论下一步要做什么，而不是对迭代交付物做出接受或拒绝的决定。

如果利益相关者对他们在 Sprint 评审会上看到的产品不满意，产品负责人就要负责决定如何调整产品待办事项列表。如果产品负责人对她在 Sprint 评审会上看到的产品不满意，就要考虑如何在 Sprint 期间与开发团队进行更多的合作以获得自己想要的产品。

常见误解 10：并不需要太多准备工作就可以开始 Sprint

如果 Scrum 团队有一位拥有产品愿景的产品负责人、一个具备创建"完成"的增量的所有技能的开发团队，以及一个 Scrum Master，那么它就可以开始一个 Sprint 了。产品待办事项列表的梳理也会随之进行。

当然，有一些启动活动是有帮助的，比如培训和轻量级的流程定义（例如，创建"完成的定义"）。

我也想借此机会澄清一下，不存在诸如 Sprint 0、基础设施 Sprint 或设计 Sprint 之类的东西。 Sprint 的目的是交付一个"完成"的增量。如果没有计划交付"完成"的增量，就不是在执行 Sprint。做任何觉得必要的准备（要有足够的理由，不要陷入分析瘫痪！）。千万不要将准备时间称为 Sprint 0。

专业SCRUM
敏捷要领与项目实践

> It doesn't matter how good you are today; if you're not better next month, you're no longer agile.
>
> **Mike Cohn**
> Agile trainer and author

> Simplicity is the ultimate sophistication.
>
> **Leonardo da Vinci**

为了帮助读者更有效地提升和领悟敏捷软件开发的真谛，我们精心准备了这部分内容（非卖品）。读者可以根据自己的需要和喜好，揭下不干胶，以可视化的方式加强自己的理解。也可以扫描下方二维码，获得这部分内容的电子资源。

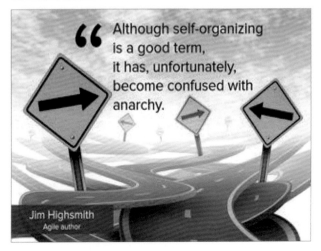

> Although self-organizing is a good term, it has, unfortunately, become confused with anarchy.
>
> **Jim Highsmith**
> Agile author

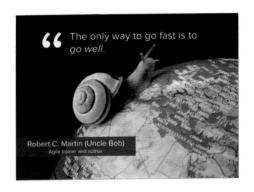

> **"** The only way to go fast is to go well.

Robert C. Martin (Uncle Bob)
Agile trainer and author

> **"** When we go into that new project, we believe in it all the way. We have confidence in our ability to do it right.

Walt Disney

> **"** Design and programming are human activities; forget that and all is lost.

Bjarne Stroustrup
Computer scientist

> **"** We don't need an accurate document. We need a shared understanding.

Jeff Patton
Agile trainer

> When to use iterative development?
> You should use iterative development only on projects that you want to succeed.
>
> Martin Fowler
> Author and programmer

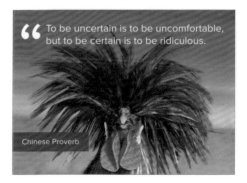

> To be uncertain is to be uncomfortable, but to be certain is to be ridiculous.
>
> Chinese Proverb

> Planning is a quest for value.
>
> Mike Cohn
> Agile trainer and author

> Be fixed on the vision, but flexible on the journey.
>
> Jeff Bezos
> Founder of Amazon

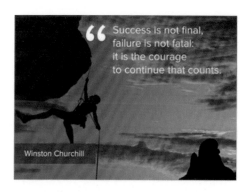

> Success is not final,
> failure is not fatal:
> it is the courage
> to continue that counts.

Winston Churchill

> If you define the problem correctly,
> you almost have the solution.

Steve Jobs

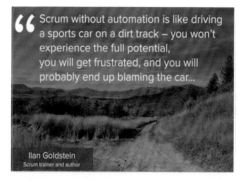

> Scrum without automation is like driving
> a sports car on a dirt track – you won't
> experience the full potential,
> you will get frustrated, and you will
> probably end up blaming the car...

Ilan Goldstein
Scrum trainer and author

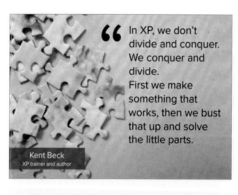

> In XP, we don't
> divide and conquer.
> We conquer and
> divide.
> First we make
> something that
> works, then we bust
> that up and solve
> the little parts.

Kent Beck
XP trainer and author

Everything is vague to a degree you do not realize 'till you have tried to make it precise.

Bertrand Russell
Philosopher

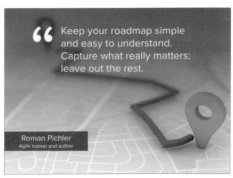

Keep your roadmap simple and easy to understand. Capture what really matters; leave out the rest.

Roman Pichler
Agile trainer and author

First-time product owners need time, trust, and support to grow into their new role.

Roman Pichler
Agile trainer and author

As an Agile coach, you don't need to have all the answers; it takes time and a few experiments to hit on the right approach.

Rachel Davies and Liz Sedley
Agile trainers and authors

That which is a feature to a component team is a task to a feature team.

Ken Rubin
Agile Author and Trainer

Failure is simply the opportunity to begin again, this time more intelligently.

Henry Ford

People are remarkably good at doing what they want to do.

Joseph Little
Scrum trainer and author

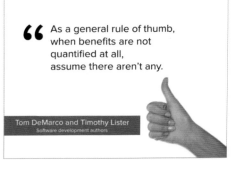

As a general rule of thumb, when benefits are not quantified at all, assume there aren't any.

Tom DeMarco and Timothy Lister
Software development authors

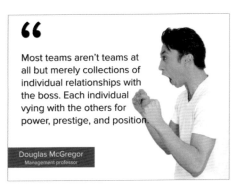

Most teams aren't teams at all but merely collections of individual relationships with the boss. Each individual vying with the others for power, prestige, and position.

Douglas McGregor
Management professor

Agile teams produce a continuous stream of value, at a sustainable pace, while adapting to the changing needs of the business.

Elisabeth Hendrickson
Agile author and trainer

If you want a guarantee, buy a toaster.

Clint Eastwood as Nick Pulovski in *The Rookie*

It's never about how you start – it's always about how you finish.

Dwayne Johnson
The Rock

An organization that treats its programmers as morons will soon have programmers that are willing and able to act like morons only.

Bjarne Stroustrup
Computer scientist

We regularly coach groups that ask, "How can we calculate how many people we will need?" Our suggestion is, "Start with a small group of great people, and only grow when it really starts to hurt." That rarely happens.

Bas Vodde and Craig Larman
Agile trainers and authors

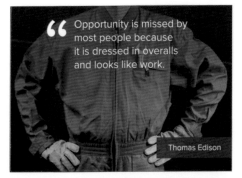

Opportunity is missed by most people because it is dressed in overalls and looks like work.

Thomas Edison

A good plan violently executed now is better than a perfect plan executed next week.

General George S. Patton

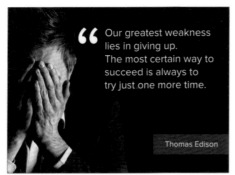

Our greatest weakness lies in giving up. The most certain way to succeed is always to try just one more time.

Thomas Edison

We define an agile tester this way: a professional tester who embraces change, collaborates well with both technical and business people, and understands the concept of using tests to document requirements and drive development.

Lisa Crispin and Janet Gregory
Agile trainers and authors

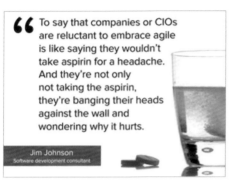

To say that companies or CIOs are reluctant to embrace agile is like saying they wouldn't take aspirin for a headache. And they're not only not taking the aspirin, they're banging their heads against the wall and wondering why it hurts.

Jim Johnson
Software development consultant

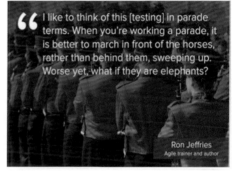

I like to think of this [testing] in parade terms. When you're working a parade, it is better to march in front of the horses, rather than behind them, sweeping up. Worse yet, what if they are elephants?

Ron Jeffries
Agile trainer and author

You improvise.
You adapt.
You overcome.

Clint Eastwood as
Sergeant Highway in
Heartbreak Ridge

If you tell people where to go, but not how to get there, you'll be amazed by the results.

General George S. Patton

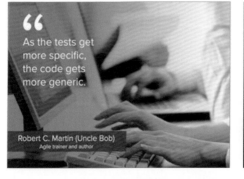

As the tests get more specific, the code gets more generic.

Robert C. Martin (Uncle Bob)
Agile trainer and author

After working for some years in the domains of large, multisite, and offshore development, we have distilled our experience and advice down to the following:
Don't do it.

Bas Vodde and Craig Larman
Agile trainers and authors

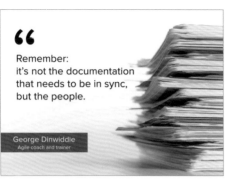

> Remember:
> it's not the documentation that needs to be in sync, but the people.

George Dinwiddie
Agile coach and trainer

> Software is the most malleable product. Companies need to use this characteristics to their competitive advantage, and sticking to traditional waterfall development negates this advantage.

Jim Highsmith
Agile author

> Bug fixing often uncovers opportunities for refactoring. The very fact that you're working with code that contains a bug indicates that there is a chance that it could be clearer or better structured.

Paul Butcher
Software engineering author

> Be honest –
> Without objectivity and honesty, the project team is set up for failure, even if developing iteratively.

Ian Spence and Kurt Bittner
Agile authors

> Plans are worthless, but planning is everything.

Dwight Eisenhower

> Anyone who has never made a mistake has never tried anything new.

Albert Einstein

> The more elaborate our means of communication, the less we communicate.

Joseph Priestley
Theologian

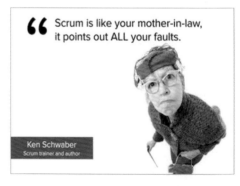

> Scrum is like your mother-in-law, it points out ALL your faults.

Ken Schwaber
Scrum trainer and author

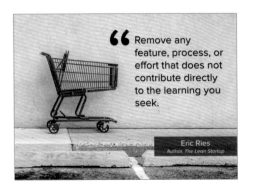

"Remove any feature, process, or effort that does not contribute directly to the learning you seek.

Eric Ries
Author, *The Lean Startup*

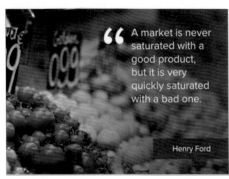

"A market is never saturated with a good product, but it is very quickly saturated with a bad one.

Henry Ford

"A wrong decision is better than no decision.

Tony Soprano

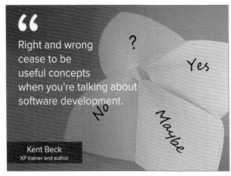

"Right and wrong cease to be useful concepts when you're talking about software development.

Kent Beck
XP trainer and author

"The important thing is not your process. The important thing is your process for *improving your process*.

Henrik Kniberg
Agile trainer and author

"As ScrumMasters, we should all value being great over being good.

Geoff Watts
Scrum trainer and author

"As a software development consultant, I've never encountered a successful software company (although my sample size is limited) in which the team and project leaders were not technically savvy.

Jim Highsmith
Agile author

"The secret of getting ahead is *getting started*. The secret of getting started is breaking your complex overwhelming tasks into small manageable tasks, and then start on the first one.

Anonymous

Stable Velocity.
Sustainable Pace.

Mike Cottmeyer
Agile author and coach

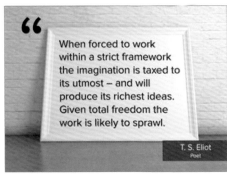

When forced to work within a strict framework the imagination is taxed to its utmost – and will produce its richest ideas. Given total freedom the work is likely to sprawl.

T. S. Eliot
Poet

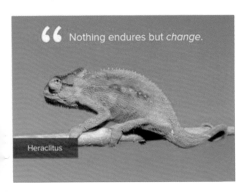

Nothing endures but *change*.

Heraclitus

Adopt the attitude that continuous planning is a good thing – In every iteration, expect your plans to change (albeit in small ways if your planning is effective). Don't fall into the trap of thinking that the plan is infallible.

Ian Spence and Kurt Bittner
Agile authors

Do the planning, but throw out the plans.

Mary Poppendieck
Lean trainer and author

Planning is everything.
Plans are nothing.

Field Marshal Helmuth von Moltke

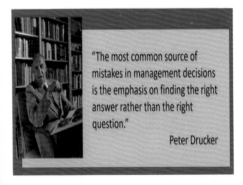

"The most common source of mistakes in management decisions is the emphasis on finding the right answer rather than the right question."

Peter Drucker

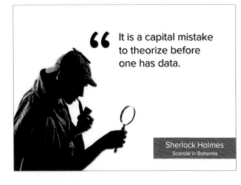

It is a capital mistake to theorize before one has data.

Sherlock Holmes
Scandal in Bohemia

It seems that perfection is reached not when there is nothing left to add, but when there is nothing left to take away.

Antoine de Saint-Exupéry
Author

"Scaling agile" always sounds to me like "scaling small-batch, hand-crafted artisanal beer." You end up with Bud Light

Andy Hunt
Pragmatic programmer

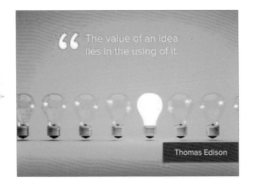

Listening is not simply hearing what others are saying; it's giving them space to contribute.

- Tanveer Naseer

"He that is good for making excuses is seldom good for anything else."

Benjamin Franklin

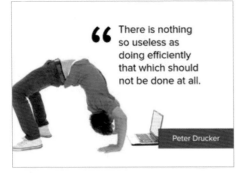

The value of an Idea lies in the using of it.

Thomas Edison

Helping people find and pursue their passion is leadership's highest privilege.

There is nothing so useless as doing efficiently that which should not be done at all.

Peter Drucker

People don't adopt a methodology, they adapt it.

Tom DeMarco
Author

> Inside every large program, there is a small program trying to get out.
>
> **C.A.R. Hoare**
> Computer scientist

> Any fool can write code that a computer can understand. Good programmers write code that humans can understand.
>
> **Martin Fowler**
> Author and programmer

> Optimism is an occupational hazard of programming: feedback is the treatment.
>
> **Kent Beck**
> XP trainer and author

> Kill your product if a pivot is not beneficial and persevering no option. It's tough but the right thing to do.
>
> **Roman Pichler**
> Agile trainer and author

> The best way to get a project done faster is to start sooner.
>
> **Jim Highsmith**
> Agile author

> In a good shoe, I wear a size six, but a seven feels so good, I buy a size eight.
>
> **Dolly Parton as**
> **Truvy Jones in**
> *Steel Magnolias*

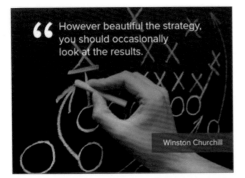

> However beautiful the strategy, you should occasionally look at the results.
>
> **Winston Churchill**

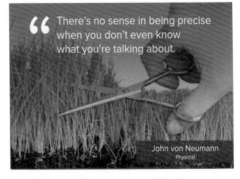

> There's no sense in being precise when you don't even know what you're talking about.
>
> **John von Neumann**
> Physicist

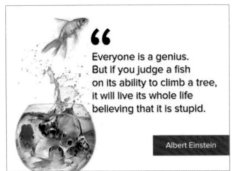

> Everyone is a genius. But if you judge a fish on its ability to climb a tree, it will live its whole life believing that it is stupid.
>
> Albert Einstein

> People with goals succeed because they know where they're going.
>
> Earl Nightingale
> Motivational speaker

> The benefit of allowing a team to self-organize isn't that the team finds some optimal organization for their work that a manager may have missed. Rather, it is that by allowing the team to self-organize, they are encouraged to fully own the problem.
>
> Mike Cohn
> Agile trainer and author

> Agile is all about teams working together to produce great software. As an Agile coach, you can help your team go from first steps to running with Agile to unleashing their full Agile potential.
>
> Rachel Davies and Liz Sedley
> Agile trainers and authors

> Focus on idle work not idle workers to achieve fast, flexible flow.
>
> Ken Rubin
> Agile Author and Trainer

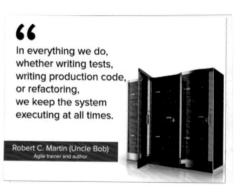

> In everything we do, whether writing tests, writing production code, or refactoring, we keep the system executing at all times.
>
> Robert C. Martin (Uncle Bob)
> Agile trainer and author

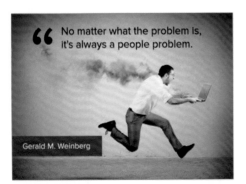

> No matter what the problem is, it's always a people problem.
>
> Gerald M. Weinberg

> Scrum focuses on being agile which may (and should) lead to improving. Kanban focuses on improving, which may lead to being agile.
>
> Karl Scotland
> Agile trainer

Change is scary, but complacency is deadly.

Dave Dame
Agile leader

The more they over think the plumbing, the easier it is to stop up the drain.

James Doohan as Scotty in
Star Trek III

Agile leaders lead teams, non-agile ones manage tasks.

Jim Highsmith
Agile author

This indispensable first step to getting what you want is this:
Decide what you want.

Ben Stein
Actor

If you have a choice of two things and can't decide, *take both*.

Gregory Corso
Poet

Everything stinks till it's finished.

Dr. Seuss

Agility means that you are faster than your competition. Agile time frames are measured in weeks and months, not years.

Michael Hugos
Agile systems architect

It is always wise to look ahead, but difficult to look further than you can see.

Winston Churchill

清华大学出版社

官 方 微 信 号